大是文化

麥肯錫思考模型活用法

史上最強！46種思考模型，
遇到什麼問題，套什麼模型解決，你當場胸有成竹。

マッキンゼーで学んだ
フレームワーク超活用術

曾任麥肯錫、華信惠悅等外資顧問公司，
累積銷量突破30萬冊
大嶋祥譽 ◎監修　李友君 ◎譯

近年來備受矚目的商業模型，是由號稱世界最強的顧問公司麥肯錫與同業、學者等一起想出的分析思考工具。

只要使用模型彙整資訊，即可輕鬆俯瞰整個業務，發現課題、制訂策略，更能明確提升決策的精確度和速度。

麥肯錫出身的大嶋祥譽嚴選、監修商務人士應該知道的四十六種基本模型，透過插圖，淺顯易懂的解說。從邏輯思考、構思點子、解決問題、行銷到組織管理，介紹平常商務中常用的模型。只要學會模型思考，之後就可以花最少的時間，發揮最大的成果。

CONTENTS

第二章

七種思維模型，想法多到用不完

第三章

報告老是拖延？有模型就不怕

找出真正的原因

改變理解問題的方法

選擇最適合的解決方案

第四章

行銷策略模型，競爭對手連你的車尾燈都看不到

第五章

光碎念沒用，這些模型讓團隊自己動起來

管理組織

評估人才

設定和達成目標

第六章

商業人士必學的經營策略模型

推薦序

活用商業公式，建立思考的快捷鍵

《經理人月刊》總編輯／**齊立文**

收到這本書的書稿當下，我覺得很熟悉，也很興奮：熟悉，是因為《經理人月刊》多年前曾製作類似主題；興奮，則是因為我覺得掌握思維模型對工作真的很有幫助，甚至可以說是變聰明、高效的捷徑。

當年製作與思維模型相關的題目，靈感來源是日本作家勝間和代，她和本書監修者大嶋祥譽一樣，都是出身自麥肯錫顧問公司（McKinsey & Company），也都強調思維模型的重要性。

勝間和代在著作《培養商業腦的七種組織力》中，將掌握思維模型（model）或是框架（framework），視為培養生意頭腦、獲得商業思考力的基礎。俗語都說「生意囝難生」，想在職場上展現頭腦，別說是初入職場新鮮人的一大考驗，就算工作一段時間的人，想必也需要一番磨練。

如果你讀過麥肯錫「校友」寫的書，大致上可以了解，他們服務的客戶很多都是大公司的老闆，而且不管麥肯錫的顧問年紀多輕、資歷多淺，都要盡量做到可以給大公司、大老闆建議、而不會遭到輕視或漠視。可想而知，思維模型的訓練就像直接把一大套商業分析工具的大補帖，直接輸入腦裡，讓人瞬間功力大增。

按表操課，降低失誤率

大嶋祥譽在本書將思維模型比喻為定石（按：指圍棋中，經過棋手們長久以來的經驗累積，在某些情況下，雙方都會依循的固定下法，也可以延伸解釋為公式或規律）。我覺得如果把棋譜換成食譜，或許因貼近生活，所以更容易理解。

很多人都會說自己不會做菜，其實，本來就沒人能在毫無經驗的情況下，一走進廚房，就天才洋溢的就著廚具、食材、調味料，做出一桌好菜。但不少人應該有類似經驗：之前從沒做過菜，但想嘗試看看，於是打開 YouTube 找影片，跟著食譜、看著畫面，像模像樣的做出一道菜。

當然難免有可能失手，但是根據我個人的經驗，只要按表操課，倒不至於難以入口。而且只要多做幾次，不但漸漸的不用開著手機或 iPad 邊看邊做，還可以開始自己調整步驟、斟酌口味，做出屬於自己的味道。

這就是**有公式可循的優點**。

不知道怎麼寫企劃書，若有範本可以參考，至少可以掌握幾分精髓；從沒做過市場分析，要是有架構可臨摹，不至於從零開始摸索。

熟練公式，提高成功率

雖然從零到一是突破性創新、革命性創舉的根源，這也不代表人們做任何事，都要從無開始摸索。**基於已知的公式，練就扎實的基本功**，再根據各自領悟力、延伸應用力的不同，同樣可以變換出新招式，創造出新事物。

本書的寫作架構，總共針對邏輯思考、創意發想、問題解決、行銷策略、組織團隊、經營策略等六大類商業活動，提出四十六個實用的模型。其中，最大特色也是寫作上最用心之處，便是她不只解釋名詞和列舉抽象案例，還針對每一個模型，各自設定出具體的商業情境，協助讀者如何將理論或工具，套用到實際的工作問題上，有些輔以真實的企業案例說明、強化印象。

就好比學數學，想要學得通透，不但要理解如何導出公式、公式能解開哪種難題，最好還要牢記各種公式，如此才能提升運算速度和解題成效。

想在工作上成為高產出、高成效的人，也可以參照類似的路徑，先熟練模型，再反覆演練，最終就可以修練出屬於自己的思考技巧和風格。

既然是公式，有時難免讓人落入固定的套路，因此，雖然每個思維模型被歸在特定類別裡，但是掌握原理原則與應用方式後，不但同一個思維模型可以用於解多個題目，同一個題目也可以一次使用多個思維模型。當然，懂得運用書裡的公式，說不定還可以發展出來新的思維模型。

懂得靈活應用，才能讓公式發揮最大的效益，也才能夠提高在商場上的勝率。

前言
思考模型，最快解決問題的方法

模型，在商務領域中逐漸變成常識。

只要學會這項思考工具，就能俯瞰整個業務、知道如何下決策，縮短思考時間，並得到最高成果。

企業環境的變化和數位轉型，大幅改變了以往的價值觀和工作方式。

要在有限的時間內，將成果和產出提升到極致，非常考驗個人能力，也就是說，自主思考變得越加重要。商務人士越來越需要充分思考，自己和企業正處於什麼樣的狀況，未來該如何行動，而非隨波逐流。

正因為我們活在這樣的時代，我希望各位一定要學習商業思考模型——模型就是架構，是一九八〇年代麥肯錫公司（以下簡稱麥肯錫）和其他顧問公司用在企業決策上，廣為人知的思考工具。

模型就像定石，是前人想出的最佳商務方案，因此也可以稱其為公式。

只要巧妙的活用這套工具，便能迅速而精確的下決策和解決問題，明顯提升效率和產能（優點見左圖）。

模型主要分三種

模型的用途和難易度五花八門，數都數不清，不過大致可分為以下三種：

- 分解要素。典型的例子包括：利用邏輯樹狀圖（掌握問題的全貌，見一〇二頁），研究企業自身、競爭者和市場（顧客），再用3C分析（見一六二頁）來衡量策略等。
- 觀察程序。這類模型是劃分業務或事情的程序，並加以分析。例如PDCA循環（藉由計畫、執行、檢核和改善來改進業務，見二五二頁），或價值鏈分析（將事業細分為各種活

46 種馬上就能用的模型

本書介紹的 46 種模型原始模板（PowerPoint 格式），可從下方網址或 QR Code 下載，也可列印出來，手寫使用。

下載網址：
https://reurl.cc/824Mzb

學會思考模型的三個優點

蒐集零散的資訊，毫無意義，但是利用模型，就能不遺漏、不重複的彙整資訊，提升分析驗證的精確度，馬上解決問題和掌握狀況。

提升分析驗證的精確度

決策速度變快

使用模型，能顯著提升速度和效率。

將事情彙整妥當，講得有條有理，是職場工作者必備技能。活用模型之後，就可以學到淺顯易懂且具有說服力的表達方式。

講話有條有理

動，見二六六頁）等，就可以歸類於此。

- 對照。像是：重要性／急迫性矩陣（藉由設置軸線再加以分析的矩陣，決定業務優先順序，見一三六頁）或定位圖（釐清企業的商品和服務定位，見二八九頁）等。要製作矩陣，只需兩條軸線，將事物劃分為2×2的四個象限即可。

如左頁圖所示，只要了解這三種類型，就可以對應絕大多數的模型與問題。

模型非萬能，按照目的使用

話說回來，初學者容易陷入「模型萬能」、「只要記住模型就沒問題」的迷思之中。可是，模型是用來深入思考的工具，要是沒有依照目的使用，就沒有意義。關鍵在於再三使用和練習工作需要的模型（主要模型見二十頁圖），而不是一味的死背。哪怕是自己設想兩條軸線，試著製作矩陣也行。

比方說，若想銷售某商品，就該配合顧客的需求，了解市場是否有魅力，競爭對手在哪裡，使用最適合的模型達成目的。否則，就算知道的模型再多，若沒有準確使用，也得不到最佳解答。

模型可分為三種

1 分解要素

分解問題、課題或其他要素，找出結構。

邏輯樹狀圖

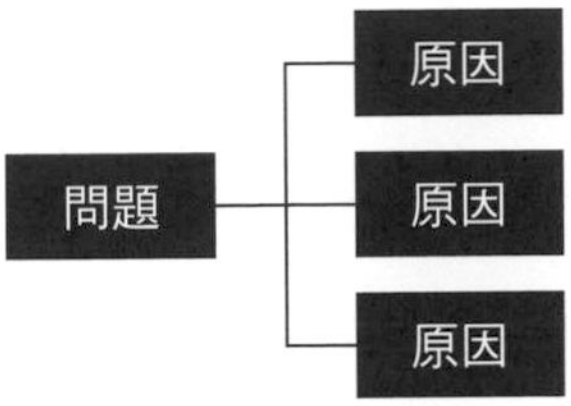

3C 分析

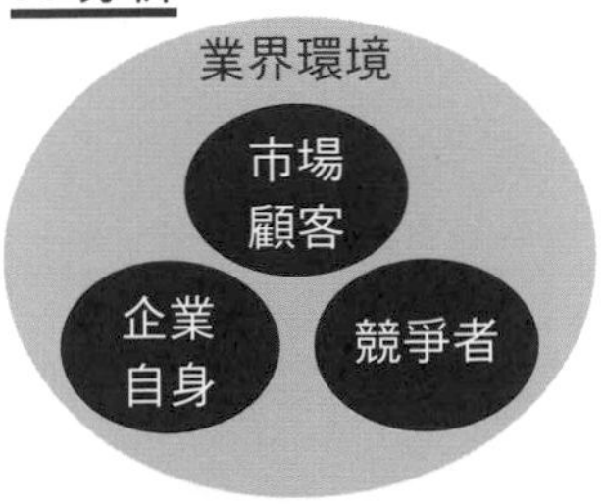

2 觀察程序

劃分工作的程序或事情的順序，並加以分析。

價值鏈分析

PDCA

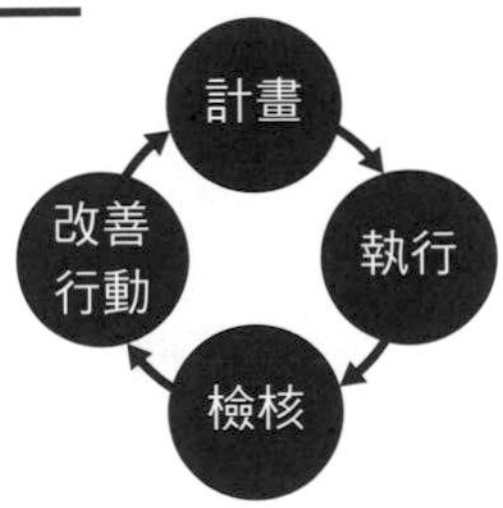

3 對照

設置一個以上的軸線，像是量與質，或是重要性與急迫性，再加以分析。

定位圖

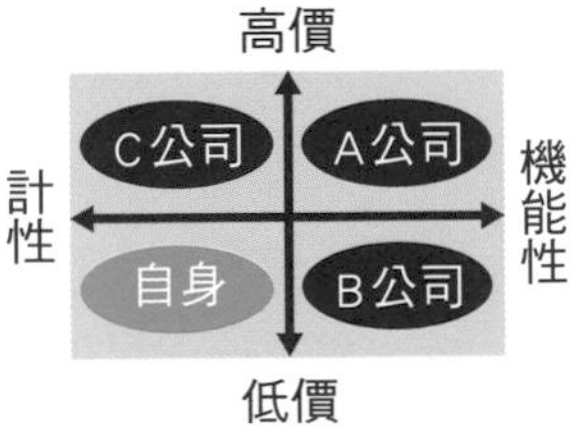

重要性／急迫性矩陣

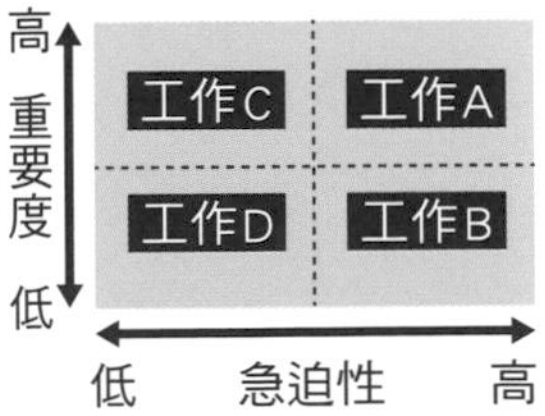

主要模型的用途和難度

	初級	中級	高級
邏輯思考	● MECE ● 六頂思考帽 ● 重新建構	● 金字塔結構 ● PREP 法 ● 歸納法與演繹法	
擴充點子和構思	● 腦力書寫 ● KJ 法 ● 曼陀羅九宮格	● SCAMPER ● 優缺點表 ● 報酬矩陣 ● 決策矩陣	
解決問題的最快途徑	● 邏輯樹狀圖 ● 業務流程圖 ● 差距分析 ● 天空、下雨、帶傘	● ABC 理論 ● 重要性／急迫性矩陣	● 議題樹狀圖 ● 假設思考
擬訂行銷策略	● 3C 分析 ● STP 分析 ● 人物誌 ● 客戶體驗旅程	● 行銷組合 ● 五力分析 ● AIDMA ● PLC（產品生命週期）	● PEST 分析 ● 核心能力分析 ● 品牌權益
組織改革	● 5W1H（6W2H） ● PDCA	● KPI 樹狀圖 ● 7S 分析 ● 馬斯洛需求五層次理論	● 卡茲模型 ● PM 理論
制訂經營策略	● 安索夫成長矩陣 ● 波特三大基本策略 ● 定位圖	● 柏拉圖法則 ● SWOT 分析 ● 價值鏈分析	● PPM（產品組合管理）

與其背下一百個模型，不如先記住符合目的的模型，哪怕只有一、兩個也可以，重點是物盡其用，直到自己吸收消化為止。慢慢學習模型思考，就能逐漸提升思考和分析的精確度。

idea
success

第一章

所有模型的基礎：邏輯思維

將事物彙整成完整架構，衡量話語的脈絡，以免出現矛盾——邏輯思維是運用任何模型時，必備的思考方式。這是學習模型的起點。

多元思考

MECE 和金字塔結構，是邏輯思維的基本模型。徹底做到不遺漏、不重複，養成分解和掌握事情架構的習慣，以提升思考能力。

▸ MECE、金字塔結構

轉換觀點

多角度思考問題非常重要，這裡會介紹兩個可以用來訓練邏輯思考的模型。

▸ 六頂思考帽、重新建構

講話有條理

以下這兩個模型可以顯著提升說服力和表達能力，加強邏輯傳達的技巧。

▸ PREP 法、歸納法與演繹法

多元思考1

MECE：不遺漏、不重複，掌握問題全貌

運用範例

想開發新商品，需要
研究以哪個年齡層為
目標市場。

使用法

不遺漏、不重複的列舉點子、課題及其他分析對象。只要細分要素，即可輕鬆摸索出根本原因（見下頁圖）。

這是怎樣的模型？

準確的細分，正確掌握全貌

MECE是不遺漏、不重複（mutually exclusive collectively exhaustive）的縮寫，透

運用步驟

× 有遺漏
× 有重複

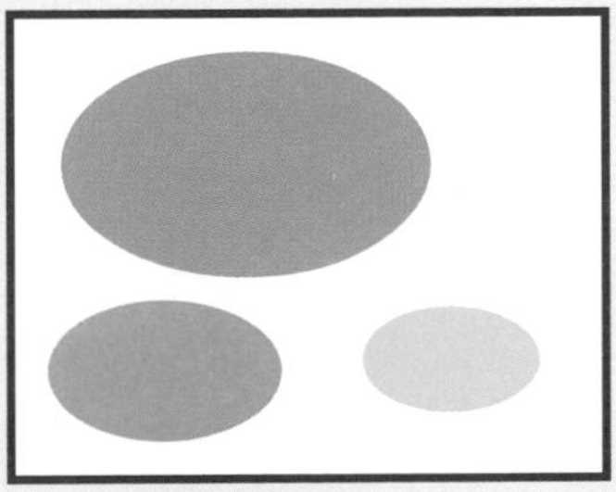

× 有遺漏
○ 不重複

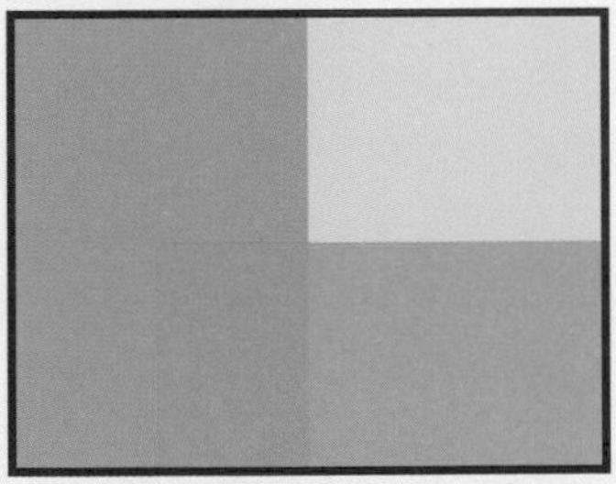

○ 不遺漏
× 有重複

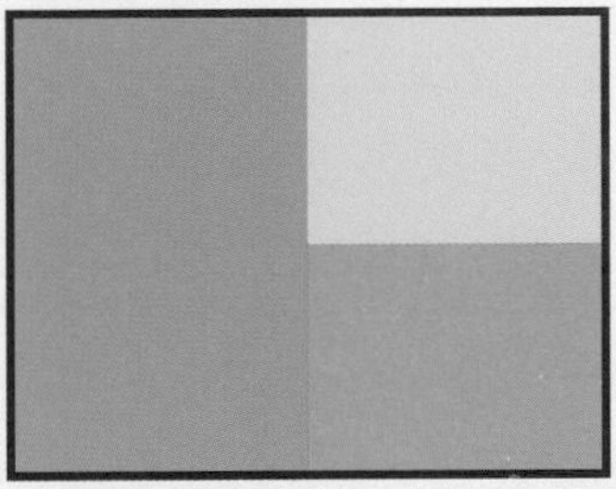

○ 不遺漏
○ 不重複

1. **選定分析對象。**
設定分析對象，如顧客和整個部門的銷售額等。

2. **拆解分析對象。**
選定對象之後，將其劃分成各個構成要素。

3. **檢查有沒有做到不遺漏和不重複。**
檢查分解後的要素，是否符合 MECE。

過這種方式，來分解和分類目標。**這項工具原本是麥肯錫在使用，現在已成為公認的邏輯思考基本概念。**

即使試圖解決某個問題，問題卻受到各種因素影響；即使要研究，也會遺漏和重複某些因素，所以效率不彰。遇到這種情況，只要將問題細分成各個小要素，就不會遺漏或重複要素，便能輕易找出根本原因。

比方說，將成年女性分為粉領族、主婦及打工族等類別，既會漏掉學生，也會重複主婦兼粉領族的女性。反觀，若以世代或已婚、未婚來區分，就不會遺漏或重複了。

怎麼運用？

配合分析方向，選擇最適合的歸類法

MECE的分類方法主要有四種：

要素分解：將分解後的要素統統加起來，等於分類整體事件。如年齡。

時間序列：把流程分類成要素的方法。像是從商品製造到販賣的過程等。

- 對象概念：將對象以「內與外」、「質與量」及其他相對的概念來分類。
- 因數分解：將整體分解為乘法要素。例如，銷售額可分解為「顧客單價×顧客人數×購買頻率」。

使用MECE的祕訣，在於留心列出來的要素是否偏離目的，能否掌握整體情況，且在注意有無重複要素前，先抓出遺漏的部分（其餘有關MECE的重點，見下頁及二十九頁圖）。

練習題

假設你的公司或工作的銷售額正在下滑，試著分類銷售額，查明萎縮的原因。

上層和下層的關係要正確

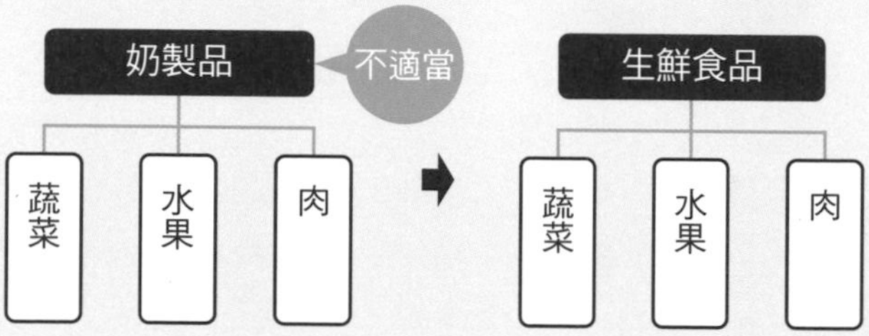
奶製品
不適當
蔬菜
水果
肉
生鮮食品
蔬菜
水果
肉

「其他」要素會讓精確度下滑

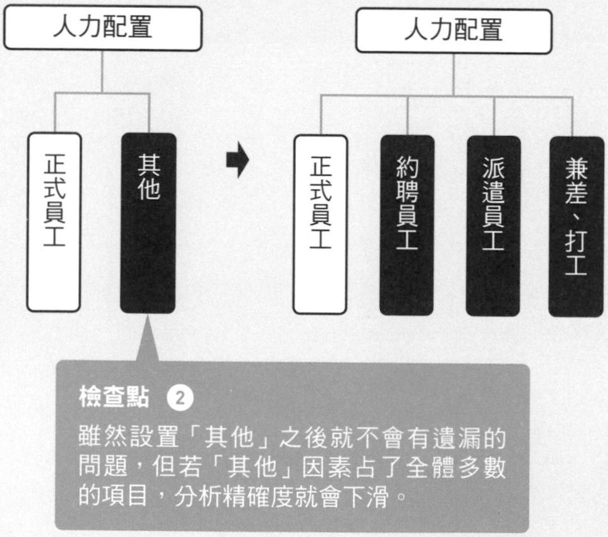
人力配置
正式員工
其他
人力配置
正式員工
約聘員工
派遣員工
兼差、打工
檢查點 2
雖然設置「其他」之後就不會有遺漏的問題，但若「其他」因素占了全體多數的項目，分析精確度就會下滑。

避免 MECE 失敗的關鍵

別混進不適當的東西

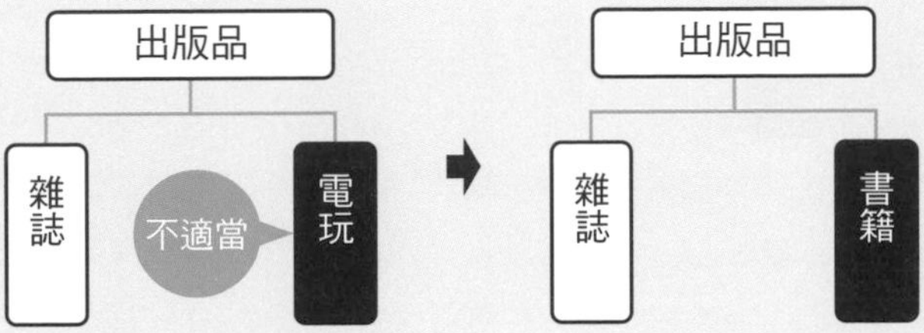

重複可以調整，遺漏會很致命

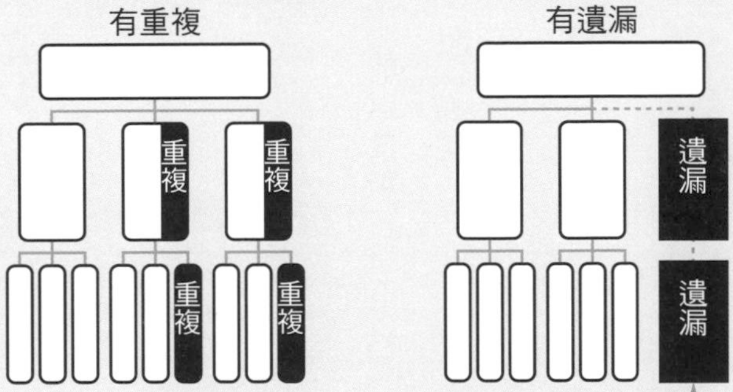

檢查點 ❶

如果重複，還可以調整，一點重複頂多讓效率變差。但是要是沒發現遺漏的部分，就會永遠忽略。

多元思考2

金字塔結構：堆疊根據，加強邏輯

運用範例
想把簡報說得更加有條理。

使用法

將支持主張的根據，堆疊成金字塔型並加以彙整（見下頁圖）。掌握邏輯的脈絡之後，就可以準確的傳達事情，不會出現矛盾或混亂。

這是怎樣的模型？

藉由根據加強主張

假如，想在簡報或其他場合上提出某些主張，並說服對方接受，那項主張就需要具

運用步驟

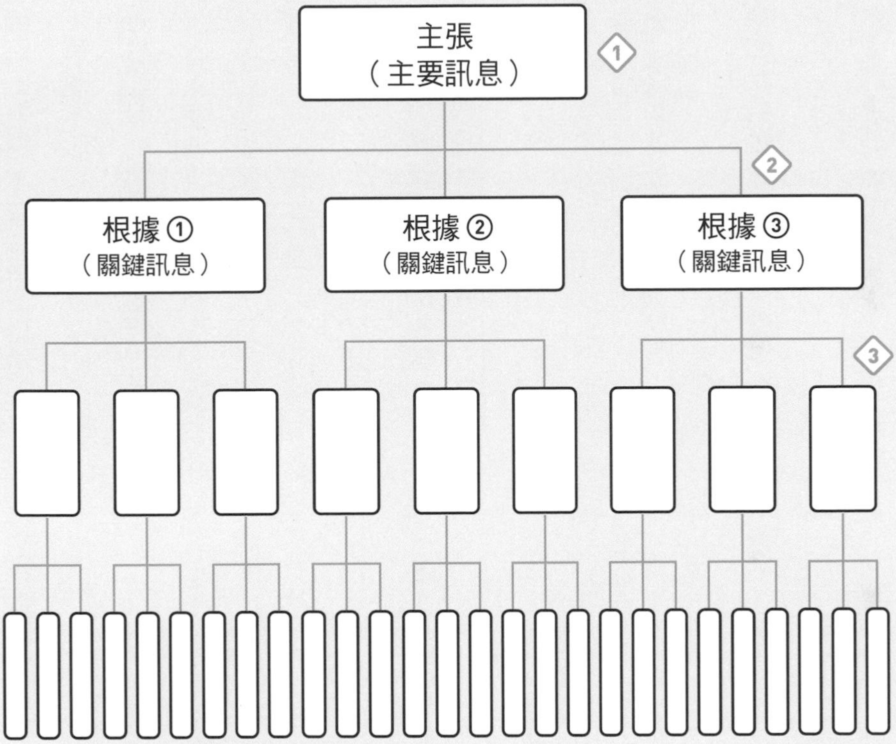

1. **將主張寫在最上層。**
   主張（主要訊息）要放在金字塔頂端。

2. **將根據條列在下方。**
   下面條列出三、四個支持主張的根據（關鍵訊息）。

3. **列舉支持的根據。**
   接著將支持的根據列舉在下層。

備邏輯和確切的證據。而金字塔結構能幫你梳理想要表達的內容及邏輯，讓主張更具說服力。顧名思義，該模型就是將邏輯堆疊成金字塔狀。只要將主張的根據分層堆疊，就能排除矛盾和含糊不清的部分，變成正確的主張。

舉例來說，假如主張「應該發展新事業」（放在金字塔的頂端），下層就要羅列三、四個要素作為主張的根據，包括消費者需求高漲、目前沒有競爭對手及能應用企業自身的技術等。

其次是要列舉支持各個要素的根據，並配置於下一層。

這樣就可以釐清支持主張的根據和邏輯結構，讓主張的內容產生說服力。

怎麼運用？

以 why 和 what 來審視結構

審視邏輯結構是否有破綻，就要從頂點的結論，往下檢驗有沒有形成「為什麼會這樣？」（Why so?）的關係。以前文的例子來說，順序是「為什麼要發展新事業？」↓「因為消費者需求高漲」。

我們也要反過來從下層往上層檢查，確定「那又怎樣？」（So What?）關係是否成立（檢驗方法見下頁、三十五頁圖），以前面提到的例子而言，就是「熱潮讓需求高漲，所以……」。

另外也要注意在建立邏輯時，不能先有結論，再一味的蒐集有利的資訊。

練習題

你正研討業務改善方案和新事業案等諸多事宜，試著根據邏輯和數值，建立金字塔結構。

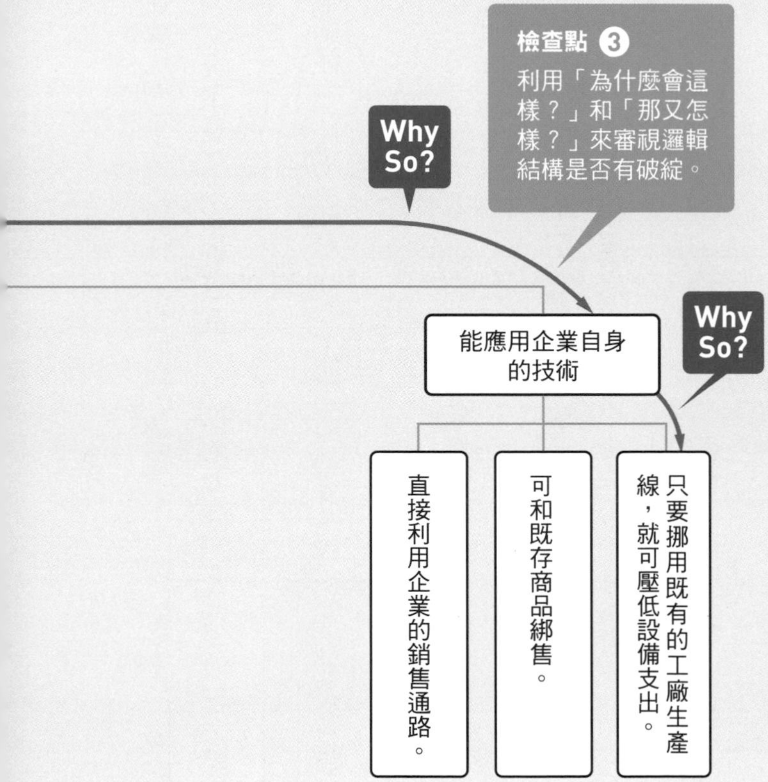
檢查點 ③
利用「為什麼會這樣？」和「那又怎樣？」來審視邏輯結構是否有破綻。
Why So?
能應用企業自身的技術
Why So?
直接利用企業的銷售通路。
可和既存商品綁售。
只要挪用既有的工廠生產線，就可壓低設備支出。

如何建立新事業？

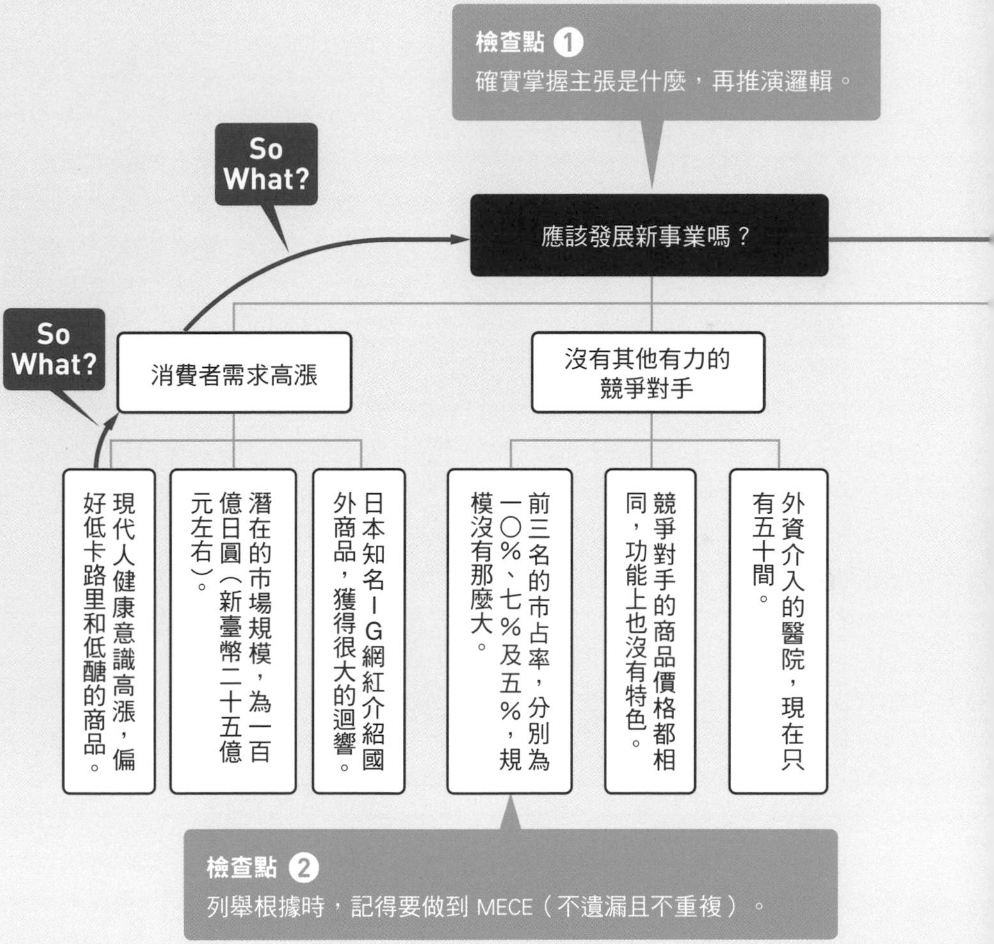
檢查點 1
確實掌握主張是什麼，再推演邏輯。
So What?
應該發展新事業嗎？
So What?
消費者需求高漲
沒有其他有力的競爭對手
現代人健康意識高漲，偏好低卡路里和低醣的商品。
潛在的市場規模，為一百億日圓（新臺幣二十五億元左右）。
日本知名IG網紅介紹國外商品，獲得很大的迴響。
前三名的市占率，分別為一〇%、七%及五%，規模沒有那麼大。
競爭對手的商品價格都相同，功能上也沒有特色。
外資介入的醫院，現在只有五十間。
檢查點 2
列舉根據時，記得要做到 MECE（不遺漏且不重複）。

轉換觀點1

六頂思考帽：用六大觀點激發腦力

運用範例

老是同一批成員開會，提出的想法都差不多。有沒有辦法提出新點子？

使用法

將六個任務分配給參加者，從新的觀點提出意見。想刺激僵化的腦力或讓會議變得熱絡時，就可以運用這個方法（見下頁圖）。

這是怎樣的模型？

活用六種顏色的帽子強制改變立場

假如，總是由相同的成員不斷進行腦力激盪，往往再怎麼構思，想法也是千篇一

運用步驟

白	中立 客觀

蒐集驗證和研究事實所需的資料。

黑	消極 否定

衡量點子的缺點和風險。

藍	綜觀 管理

核對下一個該做的事情並整理出結論。

紅	情感 主觀

看出隱藏在客觀資料中的情感因素。

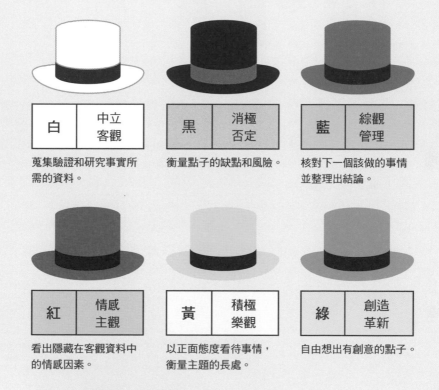

黃	積極 樂觀

以正面態度看待事情，衡量主題的長處。

綠	創造 革新

自由想出有創意的點子。

1. **選定顏色（任務）。**
事先選定要討論的課題、會議主持人、記錄員，以及決定各個顏色的討論時間。

2. **認知及討論任務。**
認知到各個顏色的任務，同時改變觀點來討論課題。

3. **再次對決定好的事情建立共識。**
討論結束之後就要建立共識，讓大家知道決定好的事情，由誰做到什麼時候。

律，導致思考僵化。要避免這樣的情況，就要以六頂思考帽，時時以靈活且新穎的角度創造點子。

這個方法是由提倡水平思考的愛德華・狄波諾（Edward de Bono）提出，從多元而廣泛的觀點設想事情，不被既成概念左右。做法是準備六種顏色的帽子或卡片，每個顏色各有代表的任務，眾人依顏色上的任務來陳述想法。

藉由強制參加者從不同於平常的立場發言，就可以排除常規思考，進而獲得嶄新的觀點，有效做到自由構思。

怎麼運用？

途中交換角色，切換視點

六種顏色的任務如下：白色為中立、客觀；紅色為情感、主觀；黃色為積極、樂觀；黑色為消極、否定；綠色為創造、革新；藍色為綜觀、管理。

首先，分配顏色給要參加會議或簡報的人，決定發言的順序。當討論開始後，參加者要從獲得的顏色立場發言（做法見四十頁、四十一頁圖）。也可以做些改變讓討論變得熱絡，像是隔段時間就交換參加者的顏色等。既然目的是讓討論變得熱絡，就要設法讓人不斷提出意見。

假設，最後全體成員肩負藍色任務，那麼，彙整內容後就可以結束了。

就算沒有多位參加者，一個人推敲想法時，也可以使用六頂思考帽，當成多元化的研究工具。

練習題

試著使用六頂思考帽，討論企業的課題和問題。一個人從六個觀點思考也沒關係。

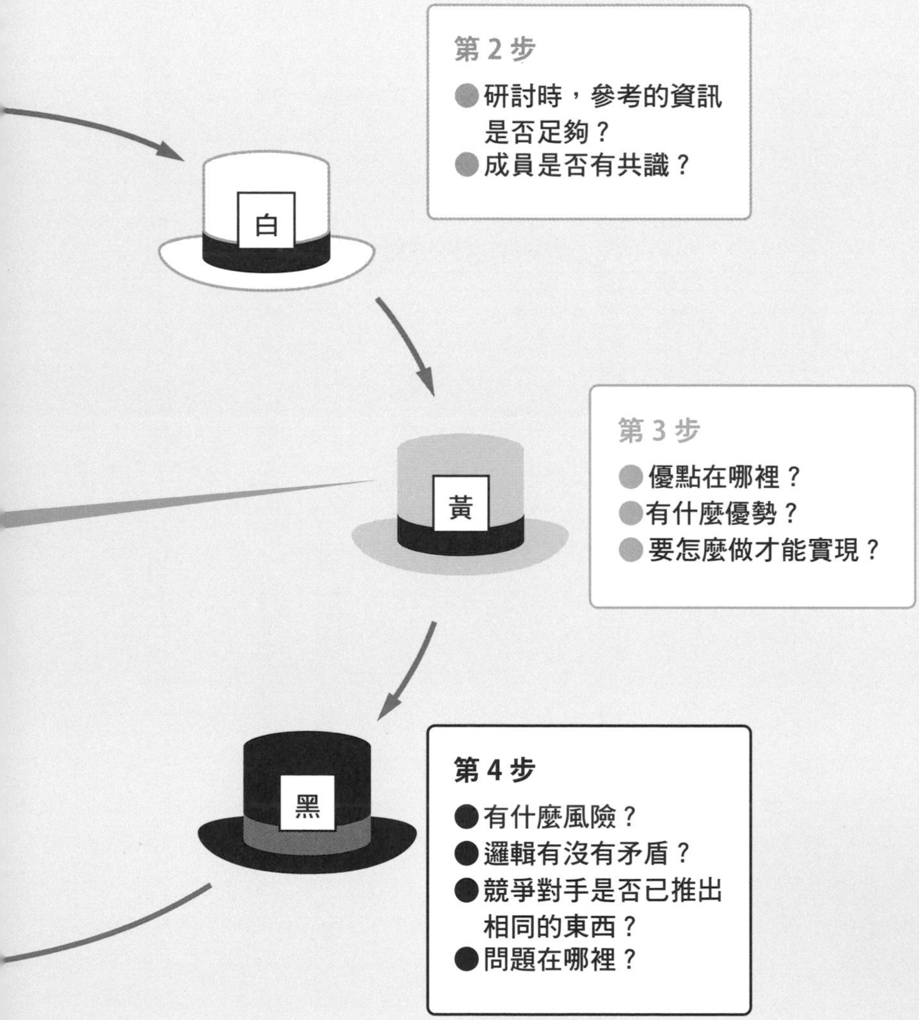
第 2 步
研討時，參考的資訊是否足夠？
成員是否有共識？
白
第 3 步
優點在哪裡？
有什麼優勢？
要怎麼做才能實現？
黃
第 4 步
有什麼風險？
邏輯有沒有矛盾？
競爭對手是否已推出相同的東西？
問題在哪裡？
黑

六頂思考帽的一例

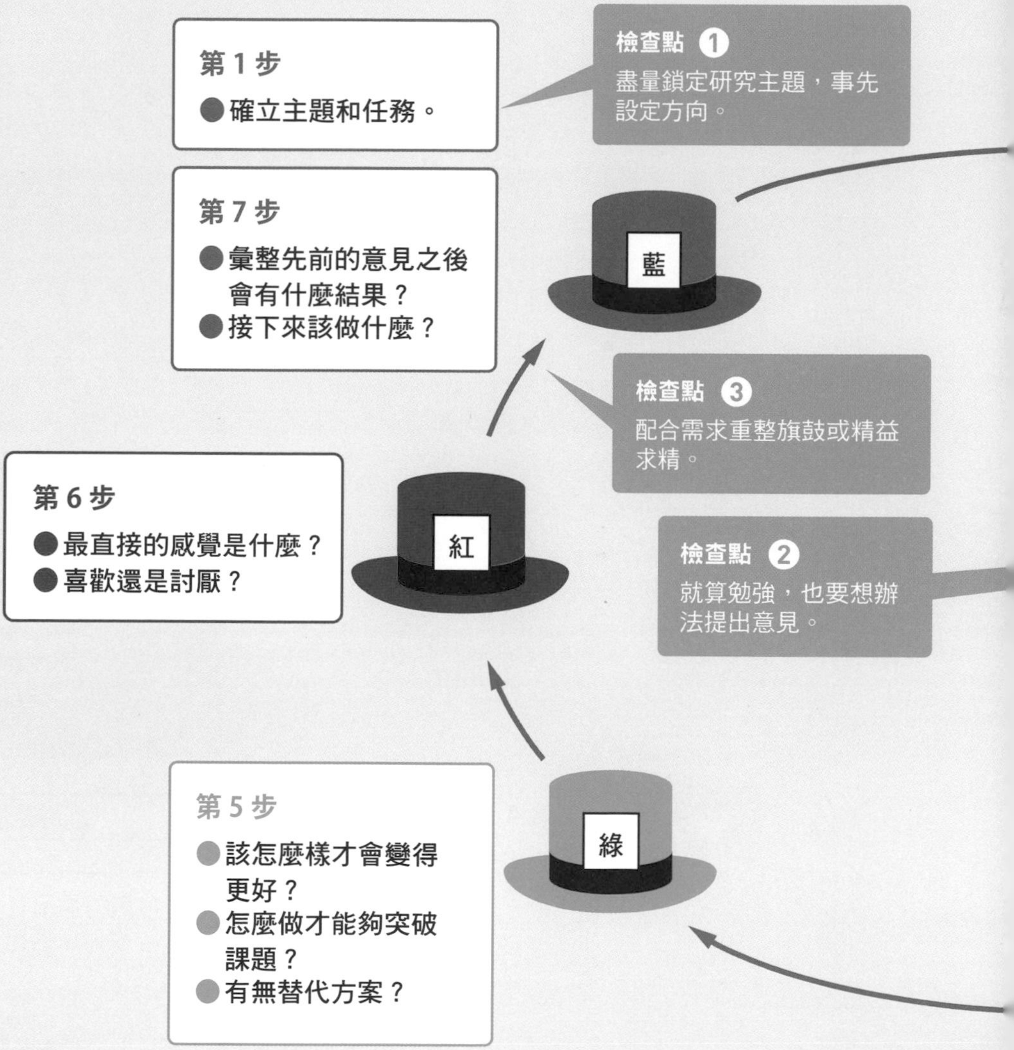
第 1 步
●確立主題和任務。
檢查點 ①
盡量鎖定研究主題，事先設定方向。
第 7 步
●彙整先前的意見之後會有什麼結果？
●接下來該做什麼？
藍
檢查點 ③
配合需求重整旗鼓或精益求精。
第 6 步
●最直接的感覺是什麼？
●喜歡還是討厭？
紅
檢查點 ②
就算勉強，也要想辦法提出意見。
第 5 步
●該怎麼樣才會變得更好？
●怎麼做才能夠突破課題？
●有無替代方案？
綠

轉換觀點2

重新建構：從其他角度找突破口

運用範例

我既好勝又任性，有沒有辦法活用這樣的性格？

使用法

改變模型，重新看待苦惱、糾紛和其他負面要素。藉由從各種角度研究，找出打破現狀的機會（如下頁圖）。

這是怎樣的模型？

將負面要素轉換成正面

重新建構是改變思考事情的機制，將負面轉換成正面的模型。雖然原用於心理治

運用步驟

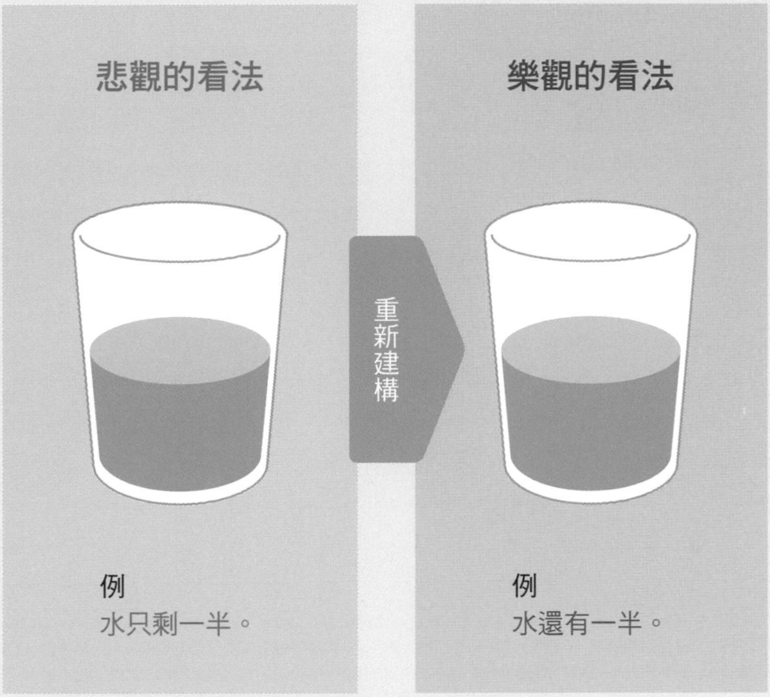
悲觀的看法
樂觀的看法
重新建構
例
水只剩一半。
例
水還有一半。

1. **釐清造成問題的現象。**
   將發生過的事件（現象），當成沒有疑慮的事實來理解。
2. **找出解釋事實的模型。**
   挖掘想法和行為的原因。
3. **改變模型並重新審視。**
   重新理解問題（即重新建構），將陷入僵局的狀態轉換成滿足狀態，負面的事情轉換成正面的事情。

療，但在商務領域中也很管用。

首先，逐一清查蘊含在課題或困境當中的要素，像是「問題是什麼？」、「困難之處是什麼？」，再試著逐項重新建構。就算不能轉換成正向思考，藉由從各種角度探討問題，也可以找出打破現狀的契機。

重新建構也會用在行銷領域上。

例如，企業制訂策略時常用的ＳＷＯＴ分析（見二六〇頁），就是用來分析自身的優勢和劣勢，同時把握機會和對抗威脅，而行銷重新建構，則是將制約和劣勢等負面要素，轉換成正面要素的構思方式。

怎麼運用？

重新建構分兩種：意義、狀況

重新建構這項方法大致可分為兩種：

意義的重新建構法：從別的角度重新理解負面事件或現象，轉換成正面要素（見四十六頁圖）。

狀況的重新建構法：改變負面事件或現象的狀況，轉換成正面要素（見四十七頁圖）。從「黏性微弱的黏膠」，創造出「能貼了又撕的便利貼」，就是一個好例子。

不過，重新建構不只是將負面轉換成正面。察覺自己陷入「該這樣做才對」的無意識迷思和價值觀，進而擁有不同的觀點，也是重新建構的關鍵作用。

練習題

試著舉出自己的一個缺點或弱點，藉由重新建構來轉換成正面要素。

重新建構可分為意義和狀況兩種

意義的重新建構

從別的角度重新理解負面事件或現象，轉換成正面要素。

原事件		重新建構
因好勝而容易發怒	➡	具有上進心、充滿熱情
任性	➡	擁有自己的意見
三分鐘熱度	➡	好奇心旺盛
意志薄弱	➡	具有彈性
在工作上失敗	➡	成長的機會
惹上司生氣	➡	能事先發現失誤，避免造成公司損害

檢查點 ❶
重新審視人事物，並建立新解釋，衡量「除此之外，還有什麼意義」、「有什麼正面價值」。即使是覺得不好的事件，也要找出某些含義和意義。

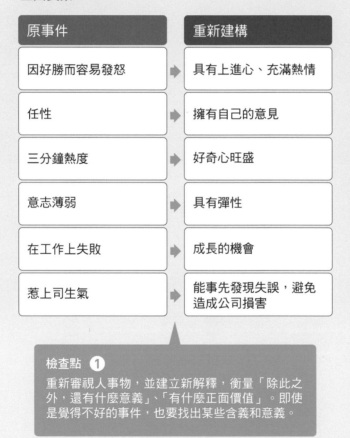

狀況的重新建構

改變負面事件或現象的狀況，轉換成正面要素。

原事件	重新建構
喜歡詭辯	適合當學者或研究人員之類的職務
在意細節，工作緩慢	調到重視細節的部門
多嘴饒舌	負責在團隊中炒熱氣氛
夜不成眠	適合上夜班
不擅長做完既定的工作流程	待在企劃部門比總務工作更能發揮能力
黏性微弱的黏膠	能貼了又撕的便利貼

檢查點 ❷
重新審視人事物的狀況和背景，衡量「除此之外，還有什麼狀況可以發揮效益」。要思考到找出足以改觀的狀況為止。

講話有條理1

PREP法：先說結論再解釋理由，然後再說結論

運用範例

我沒辦法隨心所欲的在商務談判和簡報上傳達事情，該怎麼講得有條理？

使用法

想要有條理的傳遞想法，就要利用PREP法（按：即結論、理由、範例、結論）依序組織談話內容（見下頁圖）。表達方式要配合目的靈活運用。

這是怎樣的模型？

靠開頭和最後的結論增加說服力

要提升報連相（報告、連絡、相談）、簡報和其他商務對談的效率時，話語的結構

運用步驟

		慣用句型範例
Point	結論（主張、要點）	・假如要從結論說起……。 ・最重要的是……。 ・我認為是○○。
Reason	理由（解釋、想法）	・原因在於……。 ・這是因為……。 ・假如要說為什麼……。
Example	具體範例（事實）	・比方說……。 ・具體來說……。 ・看看資料……。
Point	結論（再次陳述）	・從以上可知……。 ・因此……。 ・再重申一次……。

1. **講結論。**
   剛開始要說結論和重點。

2. **說理由。**
   說明推導到結論的理由。只要使用「這是因為」和其他類似的句型，就能清楚說明。

3. **提出具體範例。**
   以前例和具體範例詳細說明理由。使用「比方說」和其他類似的句型，就可以說得淺顯易懂。

4. **再次陳述結論。**
   最後再說一次剛開始講過的結論。根據理由和具體範例，再度歸納成要點。

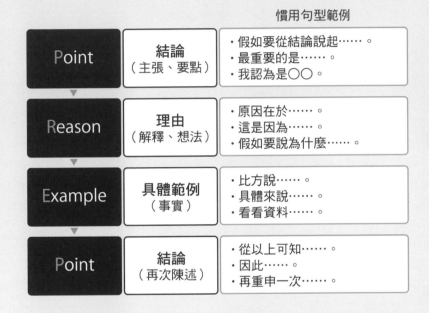

非常重要。

想要有條理、聰明的表達想說的話，不妨使用 PREP 法。

這項方法最大的特徵在於先說結論，然後簡單說明理由，出示具體的範例，最後再重申一次想要說的話，就可以結束了。

PREP 法最重要的是理由。假如沒有出示任誰都能接受的客觀根據，你說的話就會變得毫無說服力。

怎麼運用？

說話有條有理的三重點

表達方式除了 PREP 法之外，還有 SDS 法、DESC 法及其他各式各樣的模型（見五十二頁圖）。

例如 FABE 法，常用於向顧客介紹產品和服務的賣點。首先要說明新功能和專屬特徵，並陳述優點、解釋如何幫助顧客。接著表明這項優點能為組織和社會帶來多少利益，最後再以展現利益和價值的根據來收尾。

無論是哪個模型，都要掌握三個關鍵：邏輯是否有漏洞、邏輯有沒有深入研究、邏輯上是否合乎道理，這樣才能有條理的擴展話題（見五十三頁）。

練習題

試著想出一個改善業務工作的點子，再以PREP法寫出這項創意。

表達話語的模型

因應狀況靈活運用

PREP 法

開頭和結尾要強調自己想要說的話，讓目的變得明確。

Point	結論
Reason	理由
Example	具體範例
Point	結論

FABE 法

以淺顯易懂的方式表達產品和服務的賣點。

Feature	特徵
Advantage	優勢
Benefit	利益
Evidence	證據

SDS 法

重複三次想傳達的重點，在正式場合中很好用。

Summary	概要
Details	詳細說明
Summary	概要

DESC 法

根據事實，冷靜的主張意見。

Describe	描述狀況和事實
Express	陳述意見
Suggest	建議
Consequence	提出結論

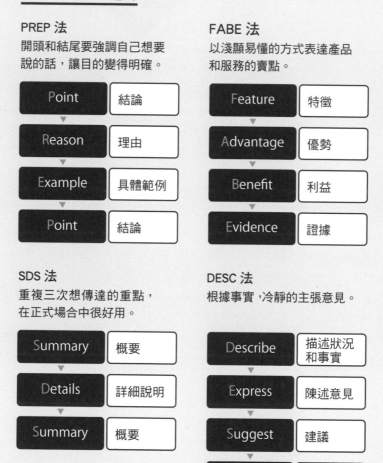

邏輯鋪陳的重點

❶ 邏輯上是否沒有疏漏？（廣度）

作為想傳達訊息的根據，要確認事實和資訊是否不遺漏且不重複的蒐集齊全；是否都對自己有利？要檢驗邏輯上是否具備廣度。

❷ 邏輯是否深入？（深度）

「作為課題的主題」、「作為結論的關鍵訊息」及「作為根據的事實和資訊」，分別藉由「那又怎樣？」和「為什麼會這樣？」來深入探討。

❸ 邏輯是否合理？（跳躍）

以「到底會變得怎樣」的觀點綜觀整個論調。反覆問「那又怎樣？」和「為什麼會這樣？」檢驗邏輯是否跳躍。

檢查點

要讓所欲傳達的結論具備說服力，必須留意以上三點。

講話有條理2

歸納法與演繹法：最快找出結論

運用範例

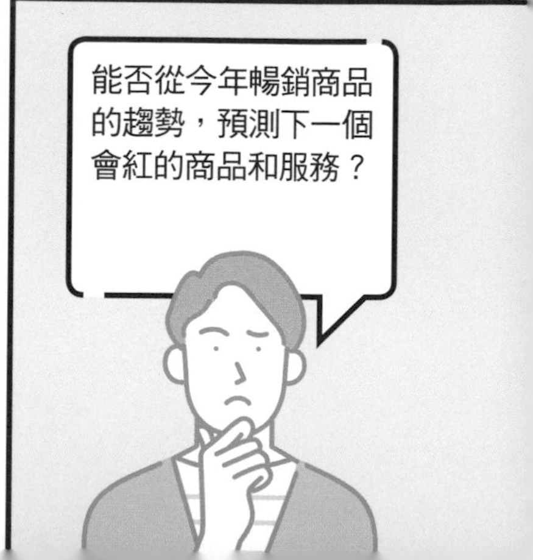
能否從今年暢銷商品的趨勢，預測下一個會紅的商品和服務？

使用法

歸納法，從多個現象（資料）推導出事件的趨勢加以彙整，再提出主張和結論；演繹法，以普遍的傾向、趨勢為前提，推導出主張和結論。

這是怎樣的模型？

其他模型也能活用的基本方法

我們平常在建立邏輯時，會不自覺的使用歸納法和演繹法（見下頁圖）。

運用步驟

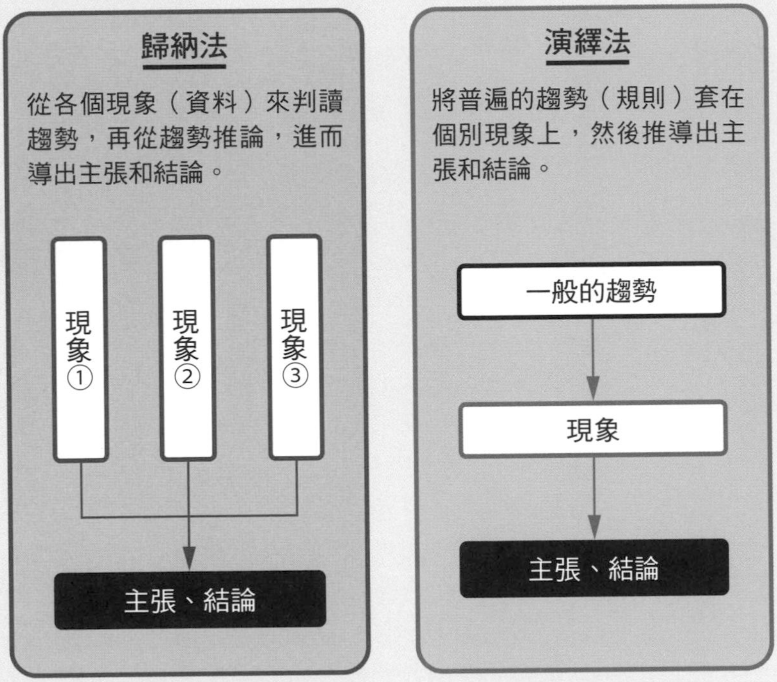
歸納法
從各個現象（資料）來判讀趨勢，再從趨勢推論，進而導出主張和結論。
現象①
現象②
現象③
主張、結論
演繹法
將普遍的趨勢（規則）套在個別現象上，然後推導出主張和結論。
一般的趨勢
現象
主張、結論

1. **選擇歸納法或演繹法。**
遇到某件事情時要配合狀況，判斷要採取歸納法或演繹法才會有效率。

2. **以歸納法或演繹法思考。**
應用所選的方法進行研究。

3. **推導出主張和結論。**
根據解釋思考對策，懂得該做什麼。

歸納法是要從兩種以上的現象（資料）推導出趨勢，彙整後再提出主張和結論。特徵在於有多項資訊來支撐根據，讓人強烈覺得「這不是偏頗的訊息」，才容易說服對方。舉例來說，從A公司「沒推出新產品」、「辭退大量員工」、「延遲付款」的現象當中，推導出結論：「A公司經營陷入困難」。

反觀演繹法，則是以普遍的趨勢（規則）為前提，推導出主張和結論。「日圓升值後，進口企業的業績會改善」就是一例。不過，要注意的是，順序反過來時，邏輯不一定成立。例如，業績優異不代表日圓在升值。

運用邏輯樹狀圖（一〇二頁）或其他類似的模型時，要搭配這兩種方法製作圖表。

怎麼運用？

因應狀況，靈活運用歸納和演繹

商務上要記得配合狀況靈活運用這兩種方法。假如從業務和行銷的諸多樣本，來推導趨勢時，就用歸納法；假如要根據事業方針和策略評估過去的績效、衡量接下來的發展時，則使用演繹法。

歸納法要是沒有具備某種程度的經驗和樣本，連思考都談不上。另外，這也需要具體的實例，而非抽象的概念。反觀，要是使用演繹法，則要記得學習基礎知識和規則（見下頁、五十九頁圖）。

練習題

「從多個商品的問卷調查結果，掌握暢銷商品的特徵」，這是歸納法還是演繹法？

演繹法

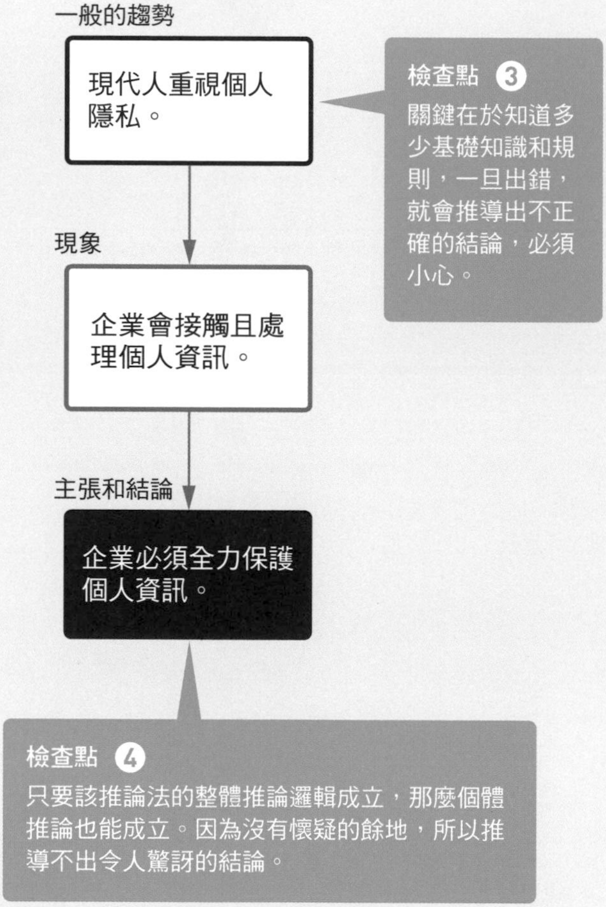
一般的趨勢
現代人重視個人隱私。
檢查點 3
關鍵在於知道多少基礎知識和規則，一旦出錯，就會推導出不正確的結論，必須小心。
現象
企業會接觸且處理個人資訊。
主張和結論
企業必須全力保護個人資訊。
檢查點 4
只要該推論法的整體推論邏輯成立，那麼個體推論也能成立。因為沒有懷疑的餘地，所以推導不出令人驚訝的結論。

歸納法與演繹法的範例

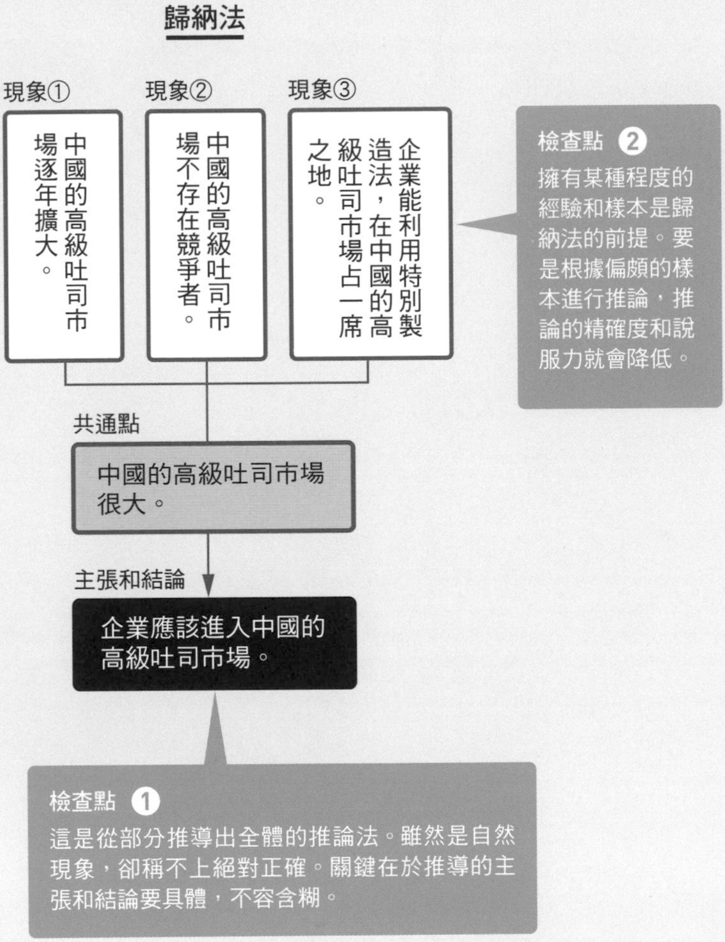
歸納法
現象①
中國的高級吐司市場逐年擴大。
現象②
中國的高級吐司市場不存在競爭者。
現象③
企業能利用特別製造法，在中國的高級吐司市場占一席之地。
檢查點 2
擁有某種程度的經驗和樣本是歸納法的前提。要是根據偏頗的樣本進行推論，推論的精確度和說服力就會降低。
共通點
中國的高級吐司市場很大。
主張和結論
企業應該進入中國的高級吐司市場。
檢查點 1
這是從部分推導出全體的推論法。雖然是自然現象，卻稱不上絕對正確。關鍵在於推導的主張和結論要具體，不容含糊。

SUCCESS

第二章

七種思維模型
想法多到用不完

好點子不會突然冒出來。構思點子有訣竅，只要靈活運用模型，就能不斷產生想法、量產優質的構思。

產生新點子

想提出嶄新奇特的創意，就要記得「重量、不重質」。

▸ 腦力書寫、KJ 法

增加想法

假如創意枯竭，就試著執行增加想法的模型。藉由改變觀點或從一個詞彙聯想，提出新意。

▸ SCAMPE、曼陀羅九宮格

評估點子好壞

要實行彙整好的點子前，得先衡量該點子是否真的有採用的價值。下列模型能輔助評估和選擇點子好壞。

▸ 優缺點表、報酬矩陣、決策矩陣

產生新點子1

腦力書寫：三十分鐘接力，想出破百個點子

運用範例

想在短時間內想出很多點子，提升組織工作效率。

使用法

就像傳閱板一樣，傳遞構思表單，在短時間想出許多點子。假如由六個參加者進行，三十分鐘就能蒐集一百零八個點子。

這是怎樣的模型？

藉由強迫擠出點子，讓人人構思機會均等

如下頁圖，腦力書寫就像傳閱板一樣，能傳遞點子，是個能幫你在短時間想出許多

運用步驟

主題【 ① 】

	A	B	C
1	② 第一人的 A 案	第一人的 B 案	第一人的 C 案
2	③ 第二人的 A 案	第二人的 B 案	第二人的 C 案
3	第三人的 A 案	第三人的 B 案	第三人的 C 案
4	第四人的 A 案	第四人的 B 案	第四人的 C 案
5	第五人的 A 案	第五人的 B 案	第五人的 C 案
6	第六人的 A 案	第六人的 B 案	④ 第六人的 C 案

1. **選定主題。**
將選定的主題寫在表單最上面的欄位。

2. **將點子逐一寫在最上面的那一行。**
六個人分別將關於主題的點子，寫在表單最上面一行。

3. **下一個人將點子寫在第二行。**
5 分鐘後，把自己的表單交給下一個人，各自在第二行延伸上一個人的點子，或是構思個人的方案再寫下來。

4. **將點子填滿到最後一格。**
每過 5 分鐘，就交給下一個人，重複以上步驟，直到填滿表單。這樣就會在 30 分鐘內產生 108 個點子。

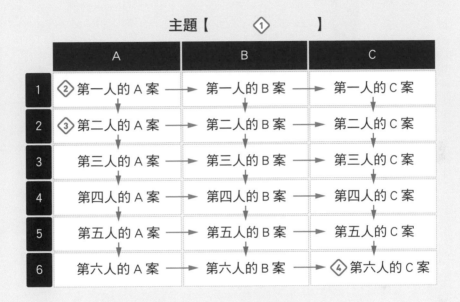

點子的模型。

這是腦力激盪的方法之一，其中有個很大的特徵是無須對話。一般的腦力激盪中，總是只有少數幾個人發言，但利用這個模型時，哪怕是很少表達意見的人，也可以提出想法。而且，蒐集到的點子中，容易出現破天荒、稀奇古怪的意見。

腦力書寫基本上由六個人進行（四人或八人也可以）。選定關鍵字和主題作為構思的依據後，提供每個參與者畫有六行×三列表格的單子，將自己的三個點子寫在每列最上面一行。五分鐘後，交給左邊的人，接著在下一行加上三個點子。又過五分鐘後，再傳給左邊的人。

每個人都可以參考前人點子並加以補充，若想不出來，就試著寫新點子。

以上步驟輪過一次之後，就會在三十分鐘（五分鐘×六次）湊齊一百零八個點子。

怎麼運用？

目的不在於評估，而是增加點子數量

腦力激盪的四大原則，是自由、嚴禁批判、搭便車（按：指參考、延伸前一人的想法，提出新的意見）及重量不重質。書寫時務必遵守這些原則（範例跟原則見下頁、六十七頁圖）。

腦力書寫的目的，不在於評估點子好壞，而是在有限的時間內，盡可能提出看法並填滿單子。接著從這些點子中，選出可用的部分。

練習題

試著針對新商品、新服務及其他課題，與同事分別腦力書寫，以增加點子。

遵守腦力書寫的四大原則

自由奔放

即使是粗略的點子、自由奔放的發言也可以。

嚴禁批判

不批評，也不提出結論。

搭便車

從別人的點子聯想和延伸。

重量不重質

站在每個觀點提出點子，不以完成度高為目標。

檢查點 ❷

腦力書寫必須遵守以上四大原則。除此之外，也可以設置不同的規則，單純列舉夢想、希望、長處及其他好的地方（期望列舉法），或是單純列舉不滿、不安、短處和其他壞的地方（缺點列舉法）。

腦力書寫的訣竅

參考前人的意見，延伸想法

主題【要怎麼提升組織工作效率？】

	A	B	C
1	設定行動目標	提升業務技巧	重視業務過程而非結果
2	揀選 50 家有業務往來的公司	舉辦公司學習會	增加能夠接觸的顧客人數
3	決定業務活動的規則	製作業務說明書	增加面對面以外的顧客接觸點
4	以一星期為單位制訂行動計畫	製作顧客檔案	分析潛在顧客的需求和課題
5	管理業務活動的實施狀況	進行角色扮演	整理顧客順位
6	改善瓶頸	共享成功經驗	強化購買後的後續追蹤

檢查點 1

把意見寫在紙上，任誰都可以輕鬆提出點子。另外，由於可以參考前人的意見，所以也能提出平常想不到的點子，這是腦力書寫的優點。

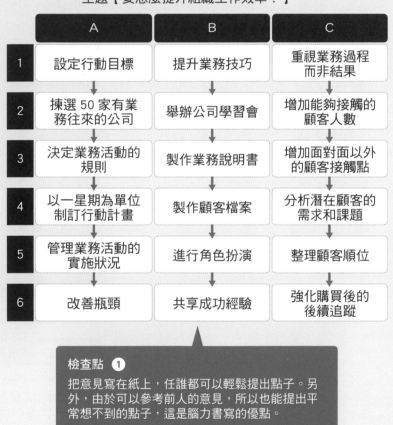

產生新點子2

ＫＪ法：資訊分類，新點子自動浮現

運用範例

我想以多元化的方式，思考如何讓職場變得比現在更有活力。

使用法

選定主題，絞盡腦汁提出點子和課題，再將結果分組找出關聯性，進而找出新的知識和解決問題的方法。

這是怎樣的模型？

替點子或課題分組再重新編纂

如下頁圖所示，ＫＪ法是替寫上點子和課題的卡片分組，從小分類變成中分類，

運用步驟

1 提出點子和資訊。

針對某個主題提出的點子和課題，要注意的是，一張卡片只能寫一個點子。

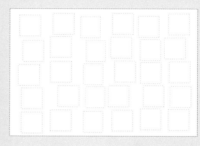

2 分成小型小組。

點子全寫在卡片上後，依內容來分組（類似的分一組），然後貼在索引卡上，展現小組共通的特徵。

3 分成中型小組。

再次彙整內容類似的小組，建立中型小組，貼在索引卡上。

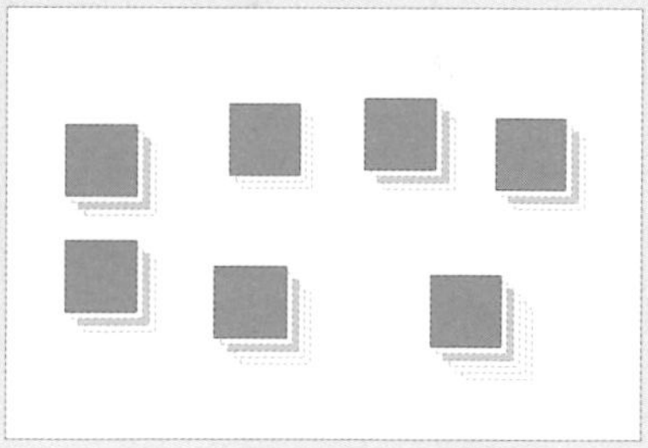

4 分成大型小組，呈現關聯性。

重新排列，建立大型小組，再用線條框起來加上箭頭，呈現卡片和小組之間的關聯。

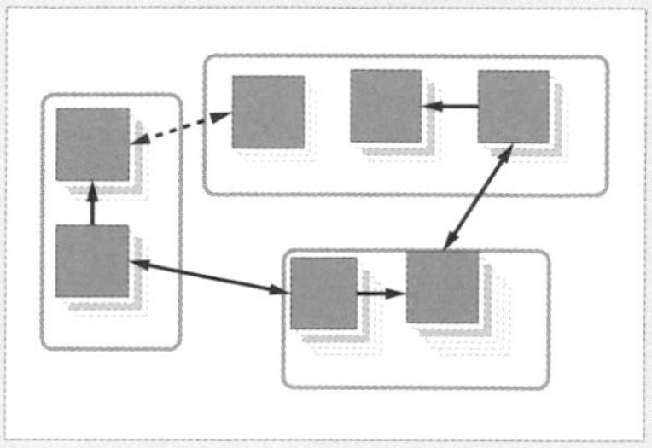

再到大分類。整合凌亂的資訊，以找出新的知識、點子及解決問題的方法。

選定主題後，先將點子和課題寫在卡片上。其次是替內容類似的卡片分組（小型小組），建立索引，以展現共通的特徵。然後把關係深厚的小組放在附近（中型小組），建立索引，再用線條框起來加上箭頭，展現卡片和小組之間的關聯（大型小組）。

最後將分好組的卡片，重新編纂成既客觀又有邏輯的文章，檢驗是否有矛盾。

怎麼運用？

由下而上，憑直覺分類

運用的重點有以下三項：

1 由下而上分析：禁止先決定分類範疇，再放入卡片。記得憑直覺分類卡片。

2 要分析一切：假如設置「其他」類別，就沒辦法分析了。當所有的卡片歸屬於任何一個小組後，就可以用圖解方式呈現小組的關聯。

3 不要被單字迷惑：寫在卡片上的詞彙，是增進工作效率用的標記。要記得分類的依據，是單字背後豐富的資訊。

ＫＪ法是彙整點子和課題的方法，同時也是開創新點子的構思法。要記得養成平時蒐集點子的習慣，參考範例見下頁、七十三頁圖。

練習題

由多人共同針對一個主題提出點子（或課題），再使用ＫＪ法來彙整。

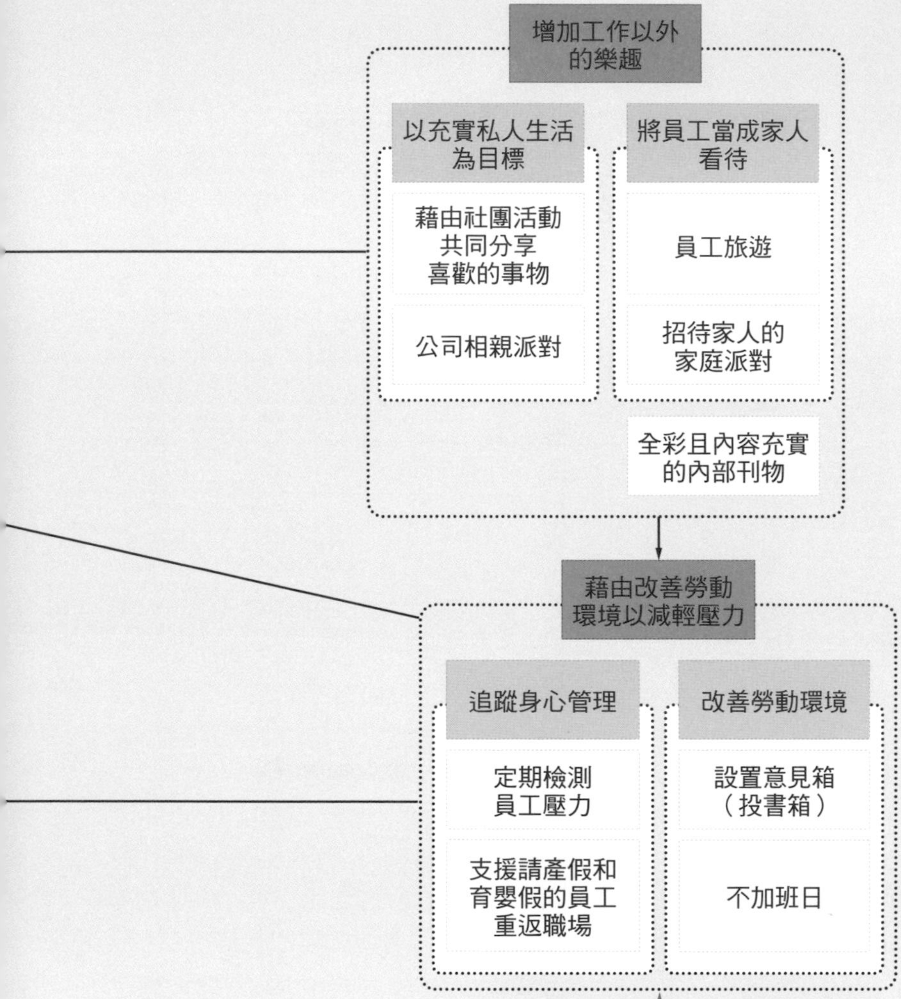
增加工作以外的樂趣
以充實私人生活為目標
藉由社團活動共同分享喜歡的事物
公司相親派對
將員工當成家人看待
員工旅遊
招待家人的家庭派對
全彩且內容充實的內部刊物
藉由改善勞動環境以減輕壓力
追蹤身心管理
定期檢測員工壓力
支援請產假和育嬰假的員工重返職場
改善勞動環境
設置意見箱（投書箱）
不加班日

檢查點 ❷

用圖標示出關聯後，將整體的關係寫成文章。最後完成的文章會成為新點子或創意的開端。

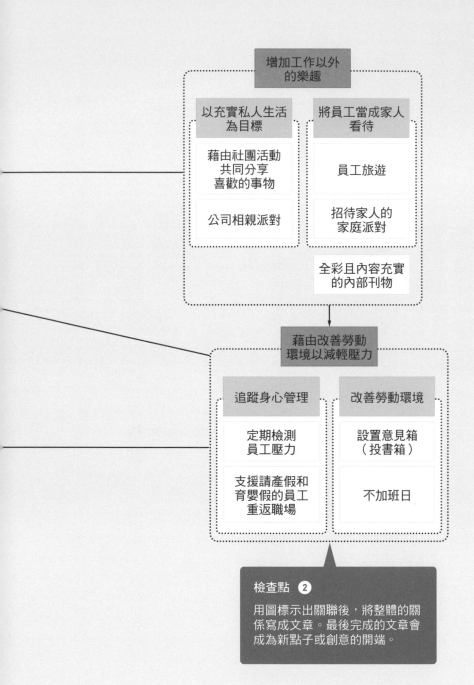

用 KJ 法彙整激發職場活力的點子

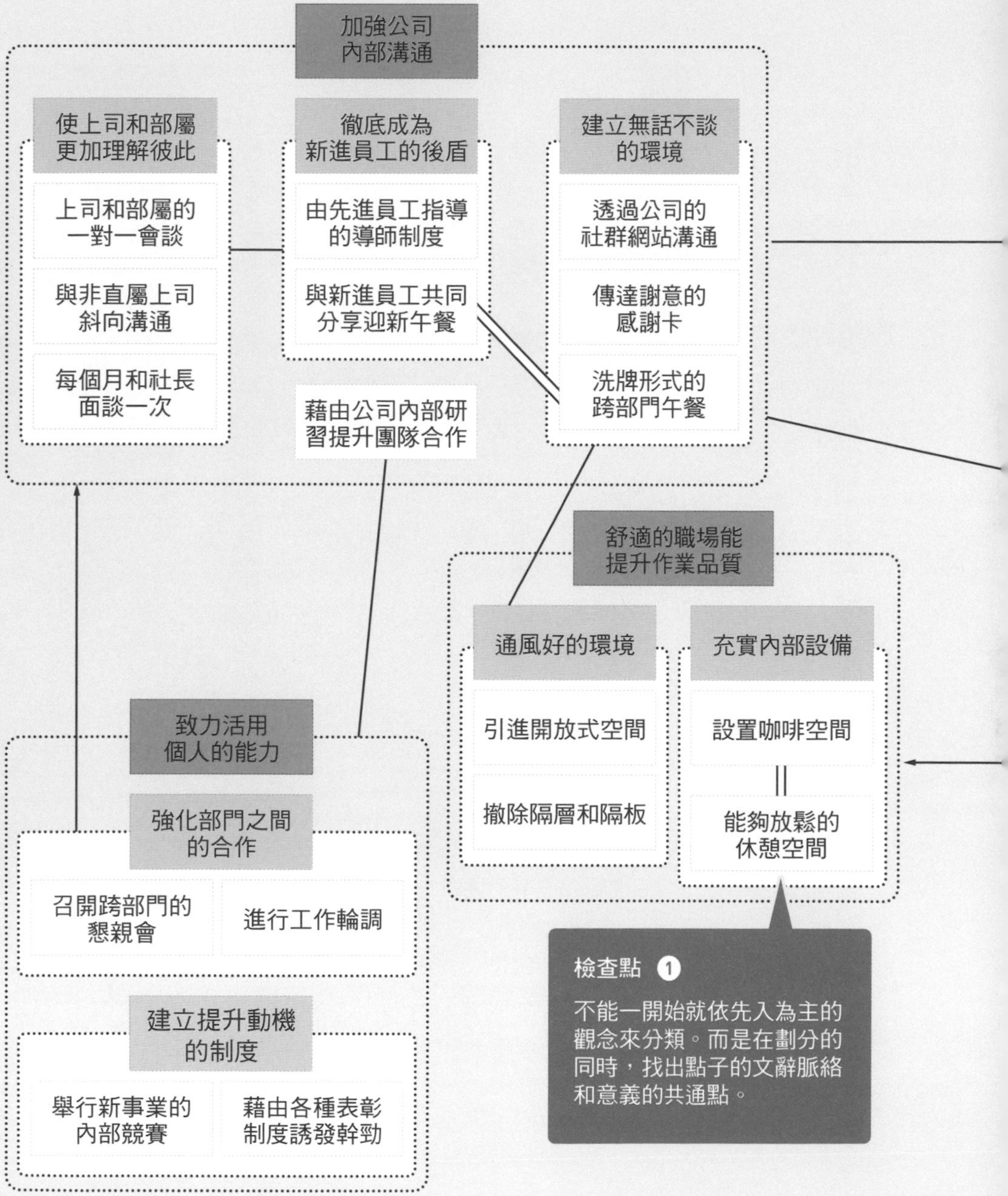
加強公司內部溝通
使上司和部屬更加理解彼此
上司和部屬的一對一會談
與非直屬上司斜向溝通
每個月和社長面談一次
徹底成為新進員工的後盾
由先進員工指導的導師制度
與新進員工共同分享迎新午餐
藉由公司內部研習提升團隊合作
建立無話不談的環境
透過公司的社群網站溝通
傳達謝意的感謝卡
洗牌形式的跨部門午餐
舒適的職場能提升作業品質
通風好的環境
引進開放式空間
撤除隔層和隔板
充實內部設備
設置咖啡空間
能夠放鬆的休憩空間
致力活用個人的能力
強化部門之間的合作
召開跨部門的懇親會
進行工作輪調
建立提升動機的制度
舉行新事業的內部競賽
藉由各種表彰制度誘發幹勁
檢查點 1
不能一開始就依先入為主的觀念來分類。而是在劃分的同時，找出點子的文辭脈絡和意義的共通點。

增加想法1

SCAMPER：用七個問題找出改善方案

運用範例

有什麼方法，可以從既存的點子中，開創新想法呢？

使用法

根據SCAMPER（按：即代替、統合、適用、修正／擴大、轉為其他用途、刪除／削減、逆轉／重新排列）等七個問題，深入挖掘核心點子和主題（見下頁圖）。

這是怎樣的模型？

新點子不會憑空冒出來

即使進行腦力激盪，也常常想不出新點子而陷入僵局，畢竟新點子不會自然湧現。

運用步驟

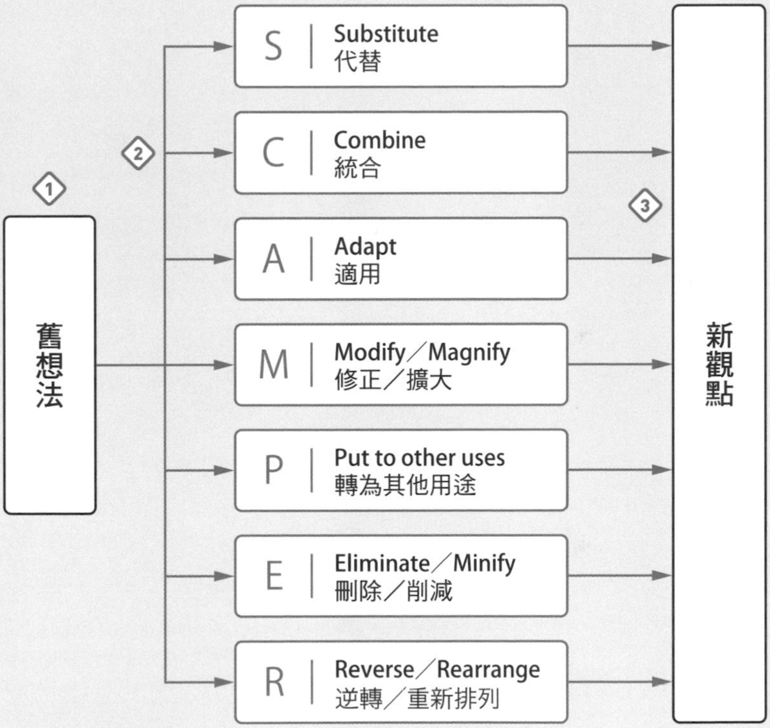

1. **選定核心點子。**
   選定要套進 SCAMPER 的核心點子和主題。
2. **從七個問題挖出想法。**
   根據 SCAMPER 的問題，來具體敘述點子。但點子不一定要套進所有的問題中。
3. **鎖定值得注意的點子。**
   從提出的點子中，整理和評估哪些可以活用。

這時，從既有的點子來推導出新點子的 SCAMPER 模型就派上用場了。這項技巧是以腦力激盪設計者艾力克斯・奧斯朋（Alex F. Osborn）所提出的知名「奧斯朋檢核表」（Osborn's checklist）為基礎，改良成簡單、實用性高的模型。運用代替、統合、適用、修正／擴大、轉為其他用途、刪除／削減、逆轉／重新排列等七個觀點，從各種角度想出有創意的構思。

從使用方法來看，最簡單的就是在腦力激盪和其他類似活動上，由主持人依照 SCAMPER 詢問：「這項原理能用其他東西代替嗎？」、「這項服務能和什麼東西搭配嗎？」另外也可以將 SCAMPER 製作成問卷，讓人填下答案。

怎麼運用？

沒必要回答所有的問題

SCAMPER 在針對既有市場企劃新產品、設想開創新市場的服務，以及截止日期將近要求速度時，就會發揮作用。要屏除成見和業界常識，從各種角度延伸點子，參考範例見下頁圖。

利用 SCAMPER 找到改善方案

SCAMPER		現狀	改善方案		
S	代替	●沒有能代替的東西嗎？ ●沒有其他途徑嗎？ ●沒有其他素材嗎？	用麵粉製作的麵包，改用在來米粉做會怎樣？	➡	在來米粉麵包
C	統合	●跟其他東西結合後會怎樣？ ●混合之後會如何？	如果將手機、iPod 及網路通訊儀器合而為一會怎樣？	➡	蘋果公司的 iPhone
A	適用	●能在什麼狀況下應用？ ●有其他跟這個很像的東西嗎？ ●會啟發其他點子嗎？	女性使用的縮毛孔面膜改成男用會如何？	➡	男用縮毛孔面膜
M	修正／擴大	●能補充什麼嗎？ ●能改變顏色和設計嗎？ ●改變大小、重量、厚度和長度之後會怎樣？	將 Pocky 變細再增加巧克力口感會怎樣？	➡	江崎格力高的「Pocky 極細巧克力棒」
P	轉為其他用途	●只能依樣畫葫蘆，沒有其他使用方式嗎？ ●有無改善和改良的使用方式？ ●能直接在其他市場上使用嗎？	由於外觀有缺陷、外盒破損和其他原因，無法直接以正常價格販賣的食品，不能便宜賣出嗎？	➡	當成福利品美食在網路上販賣
E	刪除／削減	●能省略嗎？ ●能減少什麼嗎？ ●能更小、更輕、更低、更短嗎？	拿掉網路和其他功能，專攻打字的電腦，會變成怎樣的產品？	➡	King Jim 文具公司的「Pomera」數位打樣機
R	逆轉／重新排列	●上下左右顛倒會怎樣？ ●前後相反會怎樣？ ●職責反過來會怎樣？	可以把漢堡的麵包和餡料反過來嗎？	➡	用卡芒貝爾乳酪夾住麵包和肉排的「逆轉漢堡」

檢查點 1
沒有必要研討所有的問題。假如想不出特別的答案，就跳過，然後進行下一題。

檢查點 2
最後再探討想出的點子是否值得矚目。

只不過，要是為了想出點子而套用ＳＣＡＭＰＥＲ，再多的時間也不夠用。所以運用時，也不妨規畫時間，如限時三十分鐘。

練習題

上司交代你要開發新的巧克力點心商品。試從SCAMPER思考新商品。

增加想法2

曼陀羅九宮格：用九個格子就能量產點子

使用法

將關鍵主題和目標寫在正中央之後，填滿三乘三的格子。

只要專心填滿八十一個格子，就可以彙整點子、深入思考。

這是怎樣的模型？

從三乘三的格子延伸想法

該模型由設計師今泉浩晃先生開發，如下頁圖，從正中央的格子向外蔓延，就像佛

運用範例
想要開創新的網路服務，腦袋裡面卻一片空白。

運用步驟

1. 選定關鍵主題。
將關鍵主題和目標寫在正中央的格子上，當作構思的起點。

2. 寫下 8 個關鍵字。
從關鍵主題聯想關鍵字，寫在周圍的 8 個格子當中。

3. 將關鍵字寫在周圍格子的正中央。
將 8 個關鍵字分別寫在新配置的 3×3 格子正中央。

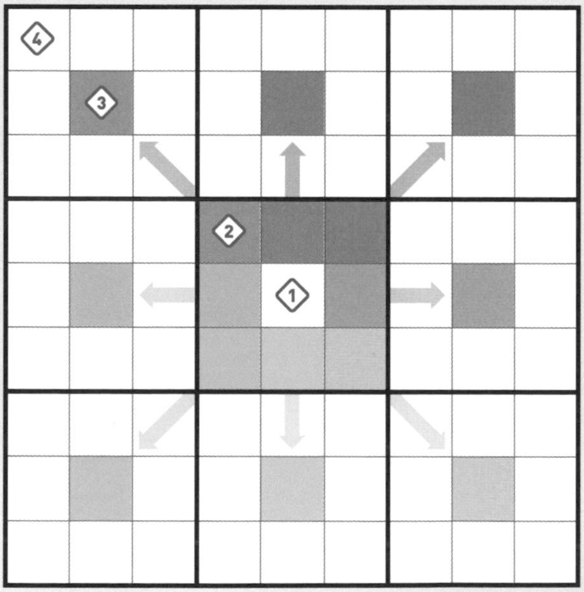

4. 填滿所有的格子。
再次從各個正中央的關鍵字發揮聯想力，將內容寫在周圍的 8 個格子當中。

教的曼陀羅一樣，慢慢延伸出新想法。沒有想法時，可以利用這個模型，短時間深入挖掘一件事情，並強化思考，激發出各種點子。

曼陀羅九宮格的使用方法極為簡單。手繪或電腦製作三乘三的格子，將關鍵主題寫在正中央的格子當中，再把相關的關鍵字寫在周圍的八個格子內。

為求進一步深入挖掘想法，要在周圍配置八個三乘三的格子，並將寫在關鍵主題周圍的八個關鍵字，分別配置在新的三乘三格子正中央，再從關鍵字發揮聯想力，將內容寫在周圍的八個格子當中。

怎麼運用？

重量不重質，以填滿格子為優先

使用曼陀羅九宮格時，關鍵在於量、不是質。唯一的規則是，不用逼自己填滿所有空格，參考範例見下頁圖。

這時，別馬上判定想到的點子是好是壞，等全部想出來再評估即可。不過，假如關鍵主題過於含糊，很可能會變成單純的聯想遊戲，所以最好選擇比腦力激盪更具體的主

以「在京都開民宿」為範例，利用曼陀羅九宮格想出新意

免費Wi-Fi一應俱全	一杯啤酒免費	會議室	在附近地區打廣告	活用社交平臺	活用預約網站	健身	共乘	書香咖啡廳
有足夠的插座	商務用途	早報服務	提出觀光路線	發送資訊	與旅行社合作	求婚支援服務	嶄新的服務	傳統音樂演奏會
共同工作空間	商務交流會	燙褲機	最新的當地資訊	定期更新部落格	充實網站內容	女子會住宿計畫	可以帶寵物	客房美容
寬敞的床鋪	看得到橫梁的高聳天花板	暖桌被爐	商務用途	發送資訊	嶄新的服務	要充分款待	結婚紀念日折扣	從車站徒步五分鐘的範圍內
每間客房都有插座	舒適的客房	所有房間都有免治馬桶	舒適的客房	在京都開民宿	吸引回頭客	寄送特別邀請函	吸引回頭客	集點卡
按摩椅	露天浴池	芳療的香氣	京都風情	外國人來造訪	附設餐廳	合宜的住宿費	招牌女店員、招牌寵物	旅客之間的交流
感受到傳統美的日用器具	京都腔講座	翻修成古民家建築	坐禪教室	摺紙鶴教室	和服、浴衣租借	充實早餐菜色	日式料理自助餐	提供素食
叫藝妓和舞妓來的座敷遊戲	京都風情	陶藝、轆轤體驗	日西合璧的房間	外國人來造訪	對應多種語言	季節限定料理	附設餐廳	提供京都蔬菜
歷史之旅	舞妓體驗	工作人員的制服是和服	連住折扣	私房景點之旅	低價宿舍旅館	低醣料理	與廚師對話	抹茶服務

檢查點 1
依直覺，不斷寫出浮現的點子。

檢查點 2
若點子行不通，也可以移到另一個 3 × 3 的格子中。

檢查點 3
假如絞盡腦汁仍想不出點子，就要判斷這件事深入挖掘的價值很低，變更寫在正中央的主題。

檢查點 4
重新審視製作完成的曼陀羅九宮格，藉此檢驗點子，整理思緒。

（按：座敷遊戲是日本宴會中特別的文化，賓客與藝者能一同玩樂。現場使用手勢、小道具等進行遊戲。）
（按：轆轤，為古代一種利用槓桿和滑車所製成的汲水或舉重器具。）

題，再開始實行。

活躍於美國職棒大聯盟的大谷翔平，曾在高中時使用這個方法，指引自己達成目標。由此可知，曼陀羅九宮格不只能增加想法，也可以運用在各式各樣的情境中，像是清查問題和課題或設定目標等。

練習題

試以自己的目標和課題為起點，寫出八個聯想到的關鍵字，再製作九乘九的曼陀羅九宮格。

評估點子1

優缺點表：想法這麼多，怎麼取捨？

運用範例
業務部該不該引進遠距工作制度，我想列舉好處和壞處，並加以研究。

使用法

要選擇取捨良莠不齊的點子時，就要清查點子的好壞，進行綜合判斷。該模型也可以用來解決問題，或當成決策的方法（如下頁圖）。

這是怎樣的模型？

從長處和短處判斷是否採用

假如，無法決定要採用哪個點子時，優缺點表就很管用了。優缺點表的英文是Pros

運用步驟

1 選定值得研究的點子。
想出的點子當中，選出值得研究的內容。

2 確認點子好壞。
不斷提出優點和缺點，並條列出重點。

點子（主題）【 1 】

贊成（pros）	反對（cons）
2 優點①	缺點①
優點②	缺點②
優點③	缺點③
優點④	4 缺點④
優點⑤	缺點⑤
優點⑥	缺點⑥
優點⑦	3 缺點⑦

3 確定是否有重複和遺漏。
所有意見都提出來之後，就檢查是否有重複和遺漏。

4 比較和判定長處和短處。
填好表格之後，就比較當中贊成和反對的意見，判斷哪一邊占優勢。勝出者就當作決策的方向。

and Cons List，pros 在拉丁文中的意思是贊成，cons 則是反對。準備優缺點表，左邊設置贊成欄位，右邊放反對欄位，再盡量為當作主題的點子列舉許多長處和短處，分配到表格的左右兩邊。

等所有的意見都提出來後，就從優點和缺點來綜合判斷，是否要採用哪個點子。

雖然單純列出優缺也可以取捨和選擇點子，卻不能依照列舉的項目數量來判斷哪個更重要。也就是說，利用這個模型時，要注意的是項目的重要程度。不妨使用「◎、○、△」或「一～五」評分法來判斷，以看出各項目的重要程度。

怎麼運用？

別只看優點，缺點也很重要

製作優缺點表時要注意別過於偏重長處（優點）。因為，一旦有令人驚豔的點子，人往往只會看到好的部分。

為了避免發生這一點，就要找幾個人分為贊成派和反對派，徵求雙方正反兩面的意見，參考範例見八十八頁、八十九頁圖。只要促進有建設性的討論，讓所有人明確認知到不同的觀點，對贊成和反對的理由產生共識，進而提升決定事項的說服力，且讓每個成員能更清楚點子的優缺為何。

即使發現短處，也要記得思考是否有替代方案能解決問題。

練習題

試寫出某種工作方式改革的長處和短處，再替各個項目做五分評分法評估。

將員工研習外包

贊成理由	
能減少人事部門的負擔。	3
能確保講師是熟悉教育的專家。	5
能客觀檢核研習成果。	1
能獲得來自公司外部的新觀點。	2
能培養出擁有彈性的員工。	3
能在和其他公司比較中發現企業自身的特性。	3

檢查點 ❷
贊成派也會提出負面意見，反對派也會提出正面意見。

反對理由	
花費的研習成本比企業自身舉辦還要高。	4
營運面難以調整。	1
企業自身的現狀與研習內容可能會矛盾。	3
無法在企業裡培養研習技能。	3
難以共享企業理念和經營方針。	1
研習方法和品質會因研習公司而天差地遠。	1

檢查點 ❸
當意見勢均力敵時，就以哪一邊的重要項目（重要性高的項目）比較多來判斷。

優缺點表的活用範例

引進遠距工作制度

	贊成理由
△	可望提升業務產能。
◎	能刪減企業成本（房租、備用品費、水電費等）。
○	能刪減員工成本（交通費等）。
	可望提升員工的健康狀態。
	透過 IT（資訊科技）強化連帶感。
△	能確保優秀的人才。
	減少員工的通勤時間。

檢查點 1
假如有長處或短處，就放進表格裡。

	反對理由
○	員工要是沒有自動自發工作，產能就有可能低落。
◎	管理資料和資訊會有風險。
	需要預留員工工作的場所。
△	個人負擔的責任會加重。
○	員工之間的溝通會變得不順暢。
△	難以掌握員工的時間管理和進度狀況。
	會議沒有效率，可能會中斷。

評估點子2

報酬矩陣：以可行性和成效來決定優先順序

運用範例

我想從幾個點子中，
挑選出最能提升店面
銷售額的方法。

使用法

將多個點子套進兩項評估標準中（見下頁圖），核對位置關係後，再比較和研究，查出實現門檻最低且具有成效的點子。

這是怎樣的模型？

以二元對立的圖式鎖定點子

要比較想出來的幾個點子，研究哪個最容易實現、且效果最大時，報酬矩陣就會很

運用步驟

1. **寫出選項。**
自由的思考並寫出點子。這時無須在意評價。

2. **套進矩陣當中。**
將點子套進可行性和成效等兩條軸線的矩陣中。假如這時由多人進行，要記得修正認知的差異。縱軸也可以使用成本、新穎性及發展性等。

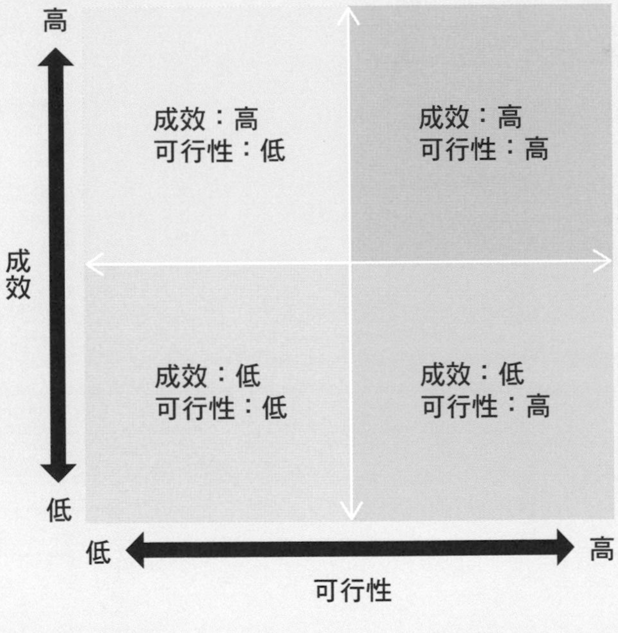

3. **選擇點子。**
從配置在矩陣的點子中，通常會採用成效和可行性最高的方案。

管用。

報酬矩陣是用可行性（簡單／困難）和功效（效果大／小）兩條軸線來製作表格（矩陣），再將好幾個點子套進去。

可行性高且功效大的點子是最佳方案。反觀可行性低且成效小的點子，光是處理就會浪費時間。功效大卻可行性低的點子要花時間妥善處理，有時也需要思考哪裡不足（有沒有解決方案）。重點是，解決方案要盡量提出具體的辦法。

怎麼運用？

改變評估軸後就可以順利選擇

報酬矩陣的評估軸只有兩條，所以容易忽略其他的評估標準。因此必要的討論可能會草率了事、做出錯誤的結論。

這時不妨使用評估軸不同的矩陣來評估點子。除了成效和可行性，也可以改成可行性和成本、新穎性和發展性……只要選擇兩個評估軸，並從中選擇最好且優先順序最高的點子，就能增加選擇的說服力，範例見下頁圖。

提升餐廳銷售額點子的範例

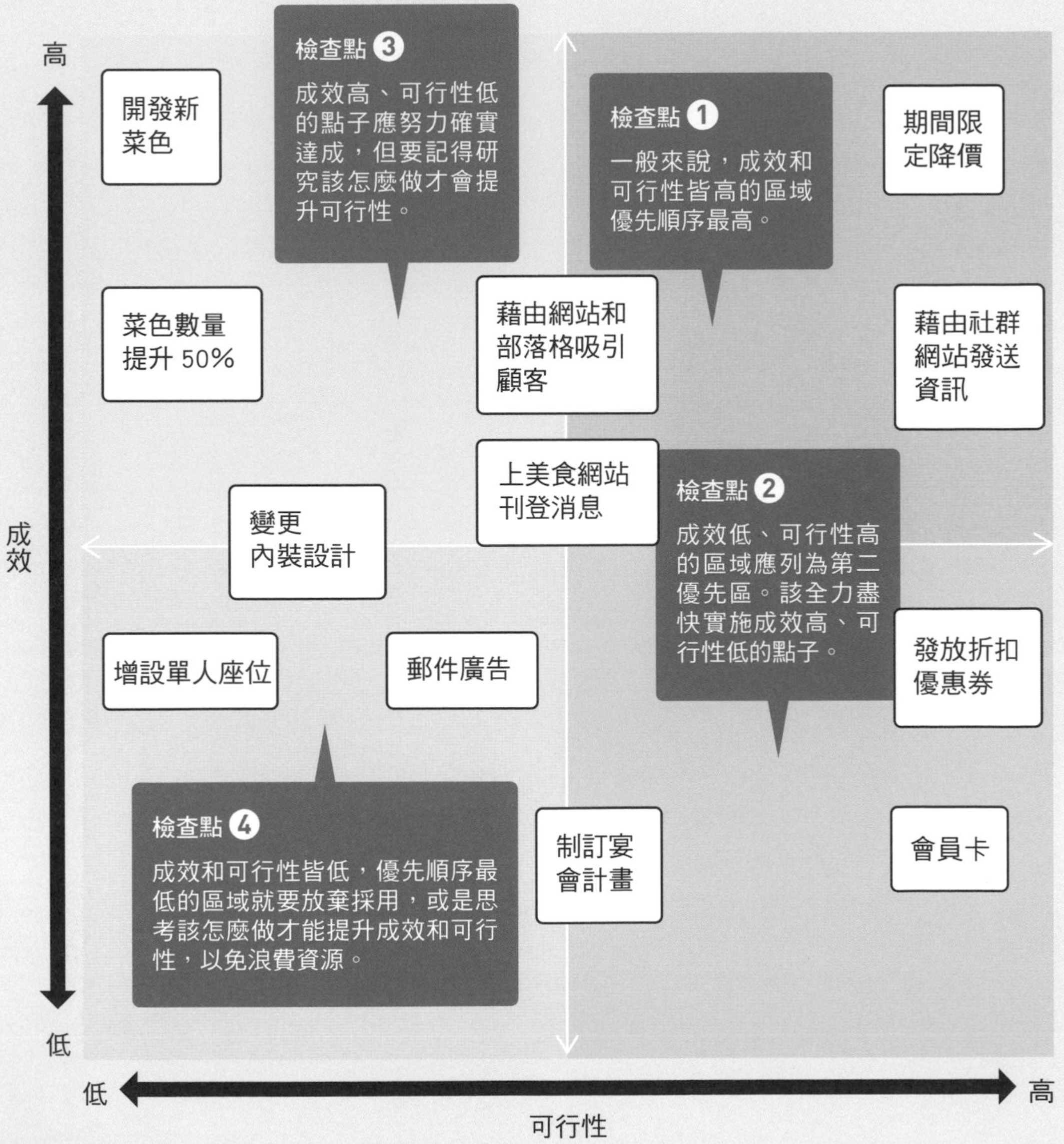

要比較的點子少，就用前文提到的優缺點表；如果點子多，就用報酬矩陣，各盡其用也不錯。

練習題

試著把改善銷售利潤方案套進報酬矩陣中，研討優先順序。

評估點子3

決策矩陣：數個評估標準，從多方判斷優劣

使用法

設置幾個評估標準，就可以替多個點子打分數，以多元化的方式評估和選定點子。

這是怎樣的模型？

設置評估標準，做出合理的選擇

假設，會議上出現好幾個點子，卻難以判斷應要採納哪個時，可以運用決策矩陣來幫你找出答案。如下頁圖，這個模型是以各種標準替好幾個點子打分數，再採用總計獲

運用範例

我想從多個觀點，研究新事業的利益性和未來性等指標。

運用步驟

①	② 市場規模	差異化	可行性	未來性	利益性	④
權重	×2	×1	×2	×3	×3	合計
點子 ❶	7 ③	4	5	8	10	82
點子 ❷	5	2	7	4	6	56
點子 ❸	10	8	6	2	7	67
點子 ❹	4	7	10	3	2	50
點子 ❺	2	3	3	2	4	31

① **縱軸填寫方案，橫軸填寫評估標準。**
選定評估各個點子（或計畫）的標準，像是市場規模、差異化、可行性等。

② **決定倍率。**
替每個評估項目加上權重（weight）為倍率，代表重要性。上面的例子是以「×1」到「×3」來表示。

③ **打分數。**
要按照各項目對不同點子打分數。上面的例子是採用滿分 10 分，你也可以以 5 分為滿分。

④ **採用總分高的點子。**
基本上來說，要採用右邊總分高的點子。

得最高分的方案。想要從許多方案中做出合理的選擇時，就會派上用場。

市場規模、差異化、可行性、未來性及風險等項目，是矩陣評估標準的一個例子，首先要將功效的大小和實行的難度設定為標準。

縱軸寫上方案，橫軸寫上評估標準之後，就依照評估標準的重要性，填入加權配分後的分數。

當然，也可以使用◎、○、△、×的符號，而不用分數。

怎麼運用？

提案不對，就沒必要用

使用決策矩陣的時候，最重要的是設定評估標準的重要性程度——也就是權重，就像「未來性（×3）」和「可行性（×2）」一樣，代表每個評估標準。權重會大幅影響評分，是極為關鍵的要素。示意圖見下頁。

值得注意的是，決策矩陣頂多只能幫助你做出合理的選擇，無法保證會做出最好的選擇。

決策矩陣的活用示意圖

評估標準要有彈性

主要評估標準

新穎性	市場規模
成本	差異化
利益性	未來性
可行性	風險
人力資源	意外性
實物資源	可靠性
技術面	實用性

檢查點 ❶

答案會依照所設置的評估軸而變化。不妨以效果大且容易實現為基準，選擇性價比高的項目。

還可以使用雷達圖

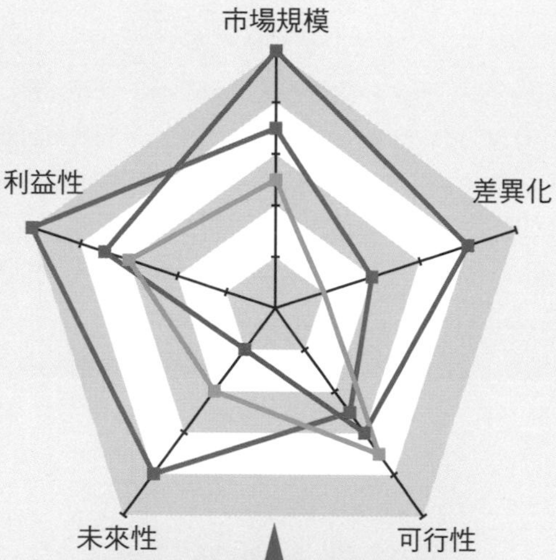

檢查點 ❸

假如想要知道評估的平衡度和特徵，也可以試試「雷達圖」。只不過，缺點是評估標準不能加上權重。

不要光憑合計分數為採用標準

	新穎性	意外性	可行性	實用性	可靠性	
權重	×2	×1	×2	×3	×1	合計
計畫 ❶	10	4	5	8	2	60
計畫 ❷	3	2	10	4	6	46
計畫 ❸	5	7	6	10	7	66

檢查點 ❷

決策矩陣充其量只是促進有效判斷的模型。也可以留意特定項目分數高的點子，而不是只看合計分數高的。

另外，雖說決策矩陣可以做出合理的選擇，不過無須排除主觀的要素。假如覺得透過決策矩陣選定的方案哪裡不對勁，沒有必要強行採用。

練習題

寫出幾個自己想要實現的點子，藉由決策矩陣評估和計分。

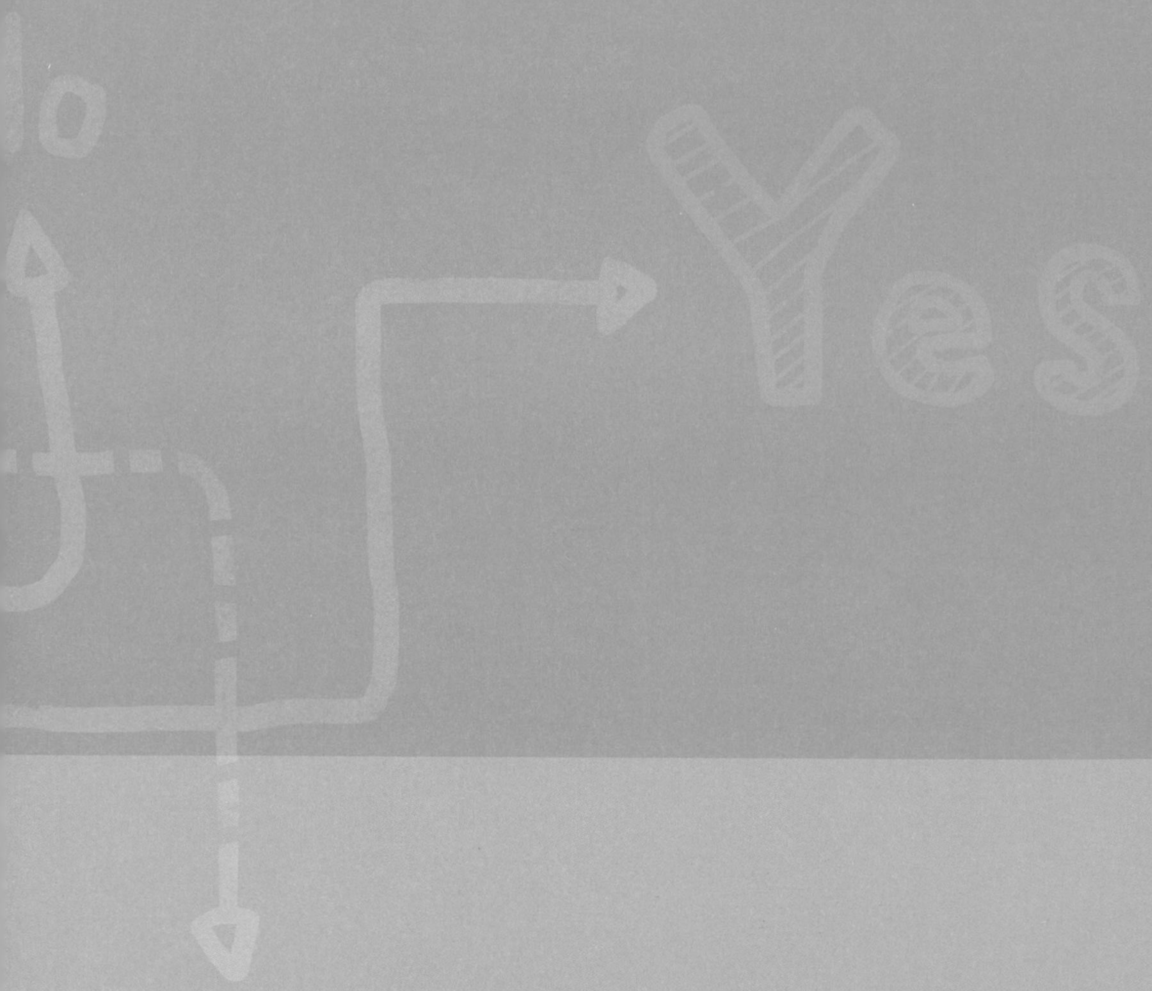
Yes

第三章

報告老是拖延？有模型就不怕

工作上的問題由形形色色的要素組成。解決問題的模型有很多，關鍵在於要以什麼方法看出問題的本質。讀者要依照問題選擇模型，便能快速解決問題。

找出真正的原因

解決問題的關鍵，在於看出哪些模型能讓問題的本質最快浮現。釐清問題後，就要深入挖掘原因，制訂具體的解決方案。

▸ 邏輯樹狀圖、業務流程圖、差距分析

改變理解問題的方法

遲遲找不出解決問題的方法時，記得從不同的角度分析問題。要從一個以上的觀點重新理解問題，進而摸索出問題的本質。

▸ 議題樹狀圖、ABC 理論

選擇最適合的解決方案

衡量解決方案的關鍵，在於適當認識問題，決定優先順序再處理。我們要運用以「天空、下雨、帶傘」為典型的解決問題模型，選擇最適合的解法。

▸ 「天空、下雨、帶傘」、重要性／急迫性矩陣、假設思考

找出真正的原因1

邏輯樹狀圖：分解課題，找出真正原因

運用範例

明明是類似的產品，
為什麼自己公司的商
品賣不過其他公司？

使用法

將應該解決的問題和課題的原因畫成樹狀圖（如下頁圖），這樣就能廣泛思考根本的原因在哪裡，以及有什麼對策可以解決。

這是怎樣的模型？

藉由建立階層了解問題全貌

邏輯樹狀圖，顧名思義是將問題和課題分解成樹狀，以邏輯推導原因和解決方案。

運用步驟

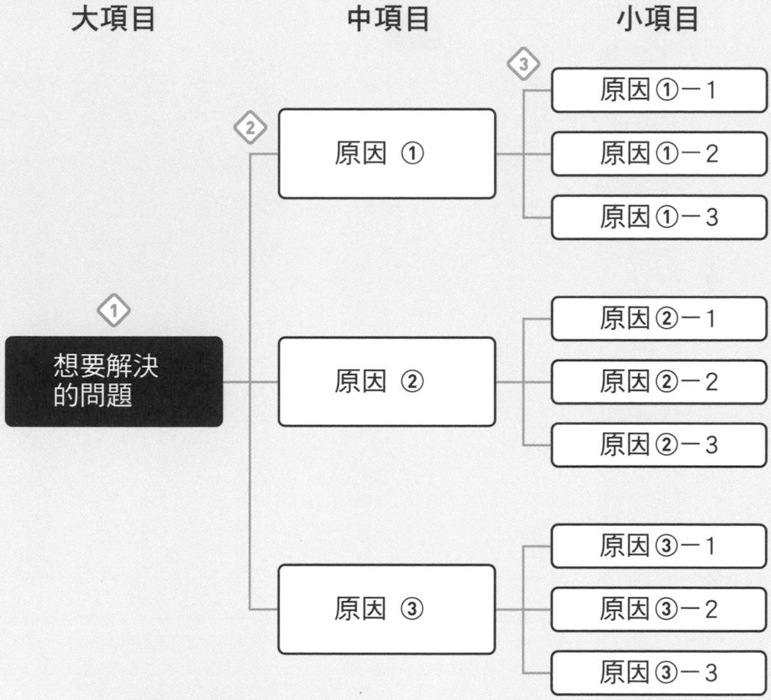

1. **頂點寫上問題和課題。**
藉由邏輯樹狀圖，將想要清查問題和課題設定為大項目。

2. **寫出主要原因。**
將造成問題和課題的原因羅列在中項目當中。關鍵在於意識大分類，而非細微原因。

3. **細分主要原因。**
將更細微的原因羅列在小項目當中。清查原因之後，檢查上下階層有沒有矛盾，有沒有遺漏和重複。

基本上，由三個階層所組成。

大項目（第一層）要寫出應該解決的問題和課題，例如，「為什麼無法提升商品A的銷售額」等。其次是將想得到的原因寫在中項目（第二層），以便解決大項目的問題，像是「業務員活動的問題」、「銷售通路的問題」等。接著，再細分中項目的原因，寫在小項目（第三層）。

將問題化為階層之後，即可兼顧效率和邏輯，地毯式衡量解決問題的點子。

怎麼運用？

樹狀圖有三種，配合用途來運用

邏輯樹狀圖大致可分為三種。包括 what 樹狀圖，分解和彙整整體結構的要素（見一〇七頁上半圖）；why 樹狀圖，找出問題原因時使用（見一〇七頁下半圖）；how 樹狀圖以及針對想要達成的目的，尋求有效解決方案時使用（見一〇六頁圖）。

製作邏輯樹狀圖時的要點有以下三項：

1. 有沒有遺漏和重複：要記得 MECE 原則，以不遺漏和不重複的方式清查問題的原因。
2. 階層的等級要統一：要核驗同一層描述的內容是否屬於同樣的等級。
3. 別讓階層出現矛盾：建立邏輯樹狀圖之後，要重新審視解決下層之後，是否真能解決上層的課題。

只要徹底做到這些，就會提升解決問題的精確度。

練習題

試以「銷售額如何提升」為主題，畫出邏輯樹狀圖。

檢查點 1

要具體呈現問題時，用what樹狀圖。這時要記得釐清視角，清查問題是否做到MECE。

how 樹狀圖

- 要如何建立適當的業務計畫？
  - 建立機制，讓團隊制訂計畫
    - 建立體制管理業務進度
    - 釐清和共同分享的業務內容
  - 提升制訂計劃的能力
    - 參加內部研習會
    - 求教前輩
    - 藉由相關書籍學習
    - 參加公開研討會

檢查點 3

清查解決方案時，用how樹狀圖。這時要記得檢查是否沒有漏看。

檢查點 2

想清查原因，要用why樹狀圖。這時會廣泛清查原因的主因，要記得每個階層有上下之別。

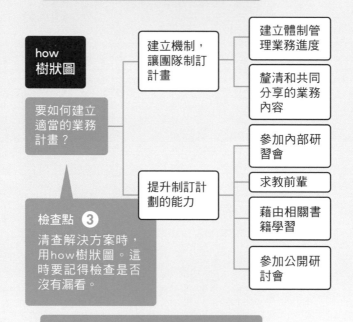

解決問題的三種邏輯樹狀圖

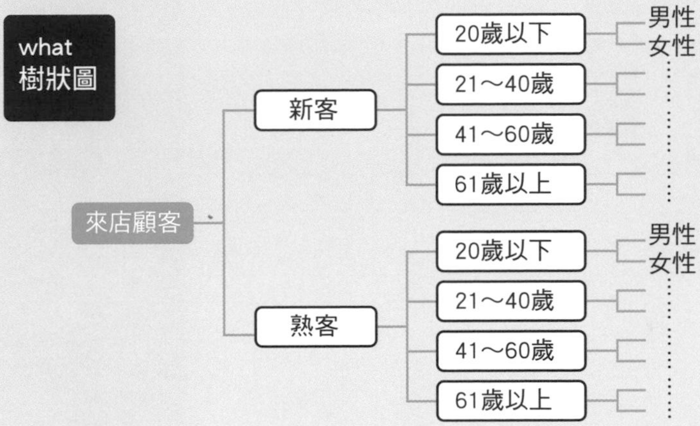

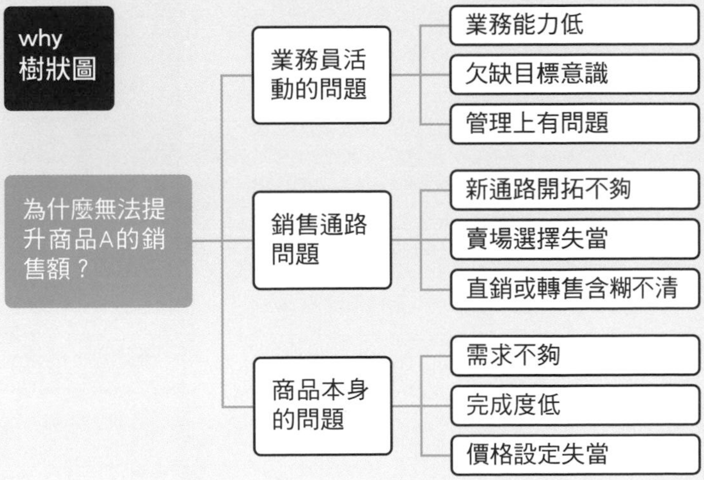

找出真正的原因2

業務流程圖：只要看見作業流程，就能改善瓶頸

運用範例

我想縮短從接單到發貨的時間。哪些流程沒必要？

使用法

要找出阻礙業務效率的瓶頸，就要清查所有的業務流程，以看見每一段過程。目標是要藉由改善瓶頸，以提升產能。

這是怎樣的模型？

看得見的整體業務流程

想要改善業務，就要知道業務現在進行到哪個流程。話雖如此，不過各種工作程序

錯綜複雜，要找出業務哪裡有問題並非易事。

這時業務流程圖就很管用了。這個模型呈現公司內部或特定業務的整體架構、關聯及流程，能幫助你看見作業程序。當套用這個模型後，即可輕鬆掌握問題在哪裡（見下頁圖）。

藉由業務流程圖找出業務上的瓶頸之後，就要消除瓶頸以改善產能。

怎麼運用？

多人共同製作流程圖，更貼近實際狀況

業務流程圖必須是「共通語言」，即使是不熟悉業務的關係人士，光看圖就能充分掌握業務的整體架構、關聯及流程。所以圖表需要淺顯易懂，任誰看了都能馬上理解。

如一一一頁圖所示，這是將店面、總公司業務部和工廠當中的業務流程簡化後的結果，但在實際繪製業務流程圖時，我會建議每個步驟都要涵蓋輸入、產出、時間、成本及其他重要資訊。

另外，與其只靠一個人製作圖表，不如運用白板或其他工具，由幾個人共同製作。

運用步驟

例

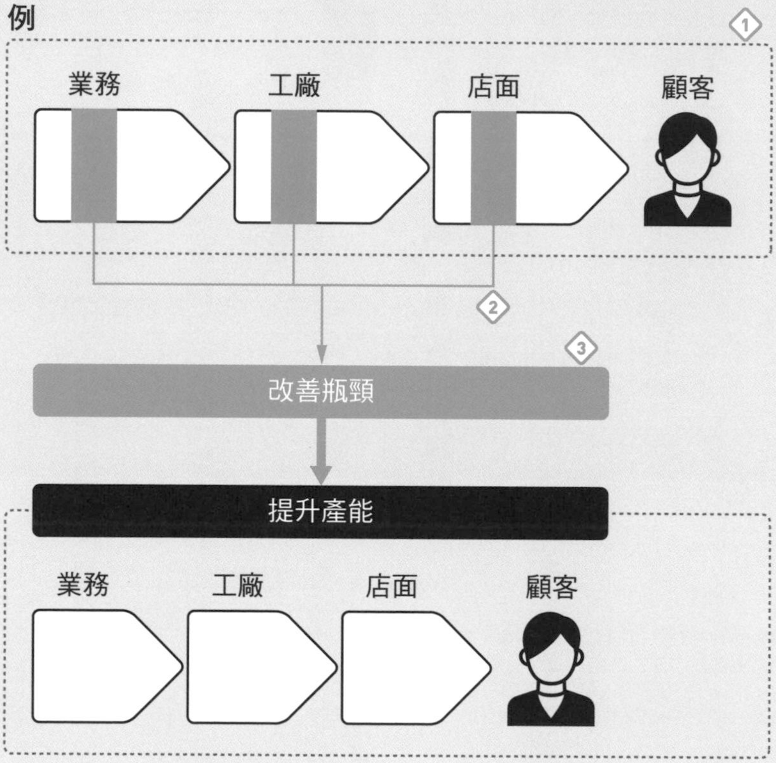

1 **讓作業流程變得看得見。**
將作業流程畫成流程圖。

2 **找出瓶頸。**
從整體的流程當中找出讓產能惡化的瓶頸，像是瞎忙的任務和沒效率的聯繫等。

3 **改善瓶頸。**
研究改善瓶頸的方案，付諸實行。

改善已發現的瓶頸，以提高產能

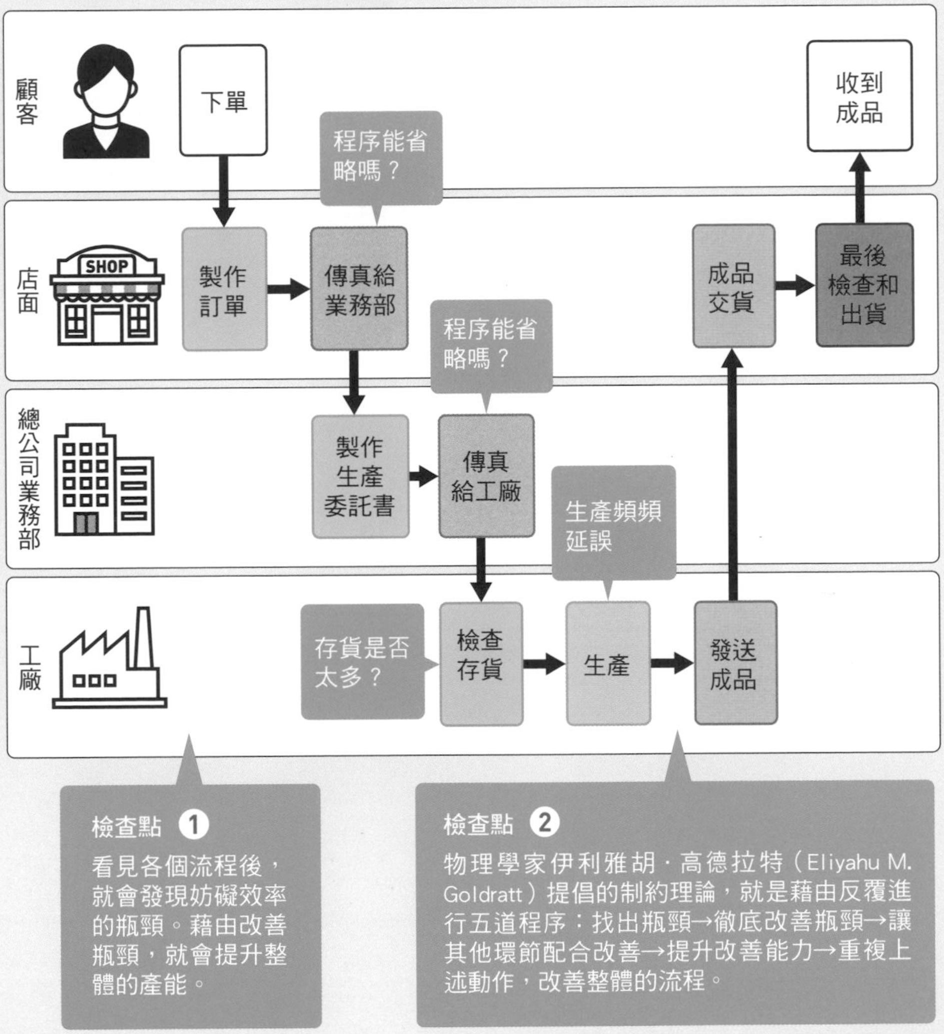

檢查點 1

看見各個流程後，就會發現妨礙效率的瓶頸。藉由改善瓶頸，就會提升整體的產能。

檢查點 2

物理學家伊利雅胡·高德拉特（Eliyahu M. Goldratt）提倡的制約理論，就是藉由反覆進行五道程序：找出瓶頸→徹底改善瓶頸→讓其他環節配合改善→提升改善能力→重複上述動作，改善整體的流程。

讓有實際經辦業務的人各自提供意見，以匯集成圖表，這麼一來，流程圖更符合真實情況。流程要盡量分解到小單位為止，這樣就可以清查改善所需的檢討要點而不會遺漏。

練習題

試將自己的業務的程序套進業務流程圖，思考瓶頸在哪裡。

找出真正的原因3

差距分析：找出理想和現實之間的落差

運用範例

照理說一小時開得完的會議，總是拖拖拉拉持續好幾個小時。

使用法

描繪自己或企業自身理想的模樣，認識現狀，進而客觀分析問題在哪裡，再根據結果來衡量要如何解決問題。

這是怎樣的模型？

如何知道現況有問題

「該怎麼因應認知到的問題？」、「無從得知現狀是否有問題」，遇到這種情況就可以使用差距分析（As is／To be）。該模型要比較理想的狀況（To be）和現狀（As is），以釐清兩者的差異，藉此看出問題是什麼，見下頁圖。

假設現在要分析「業務多到員工要帶工作回家做，假日也要上班」的狀況。

倘若理想是「成為週末能讓員工好好休假的公司」，那麼，問題就在於現狀和理想之間的差距。換句話說，問題不在於「現狀無法休假」，而是「實際業務太多」、「員工疲憊不堪」和其他差距。

以剛剛提到的例子來說，這時的課題就是如何提升實際業務效率和增加工作人員。

怎麼運用？

清楚認識理想和現實

想活用差距分析，就需要釐清理想狀況是什麼樣子。

比方說，要是理想狀況有誤，或是自己對理想狀況沒把握，就無法察覺問題。同時，也需要正確的認識現狀。要是對現狀評價過高，或過於自卑，就不能正確認識實際狀況。必須好好面對現實，別把視線移開。參考範例見一一六頁、一一七頁圖。

運用步驟

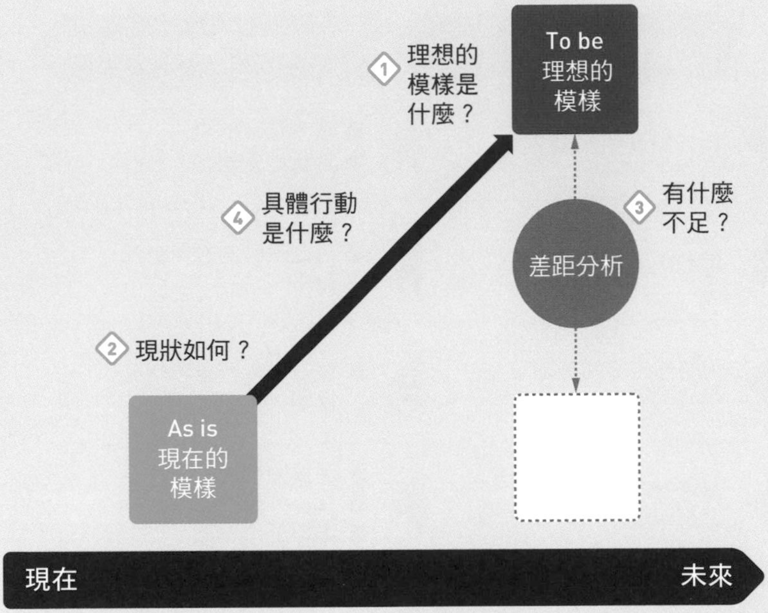

1. **描繪理想的模樣。**
想像自己或企業自身的未來，條列寫出理想的模樣。

2. **認識現狀。**
面對未來理想的模樣，客觀寫出自己或企業現況如何。

3. **分析差距。**
比較未來和現狀，分析兩者之間的差距，知道自己有什麼不足。

4. **衡量具體的行動。**
該怎麼彌補差距，要衡量具體的解決方案。

差距（問題）	具體行動範例
銷售額還少20億日圓	● 提升接單能力 ● 強化販賣體制
經費刪減措施不明確	● 建立具體的經費刪減計畫
沒有設定每個團隊和個人的目標	● 釐清團隊目標和個人目標
業務很多，工作人員疲憊不堪	● 增進業務效率 ● 業務外包 ● 增加工作人員
溝通不足	● 增加交流機會
參加者準備不夠充分，會議又臭又長	● 事先發放資料 ● 鎖定議題和參加者

檢查點 ②

想要有效解決問題，就要以何時、誰、在哪裡、為了什麼（為什麼）這四個問句掌握問題。

檢查點 ③

具體的措施可用議題樹狀圖（119頁）和5W1H（240頁）等框架衡量。

藉由差距分析，以看見問題和課題

理想的模樣	現在的模樣
銷售額達到100億日圓	銷售額為80億日圓
經費刪減30%	經費刪減幾乎陷入僵局
在公司裡，員工能自發挑戰各個目標	由上層設定目標
公司讓員工在週末、假日能確實放假	帶回家做的業務很多，假日也要上班
員工之間信賴關係強韌	員工之間的連帶意識低
30分鐘結束公司小型會議	公司會議拖拖拉拉，持續一、兩個小時

檢查點 1

藉由明確了解現狀，釐清目標，揭開兩者的差距（問題）。

唯有做到這些，才能找到理想和現實差距之間的問題。

練習題

試寫出自己想要變成的模樣和現在的模樣，再寫出該怎麼彌補差距。

改變理解問題的方法1

議題樹狀圖：從假設思考，研究如何最快解決問題

運用範例

該怎麼讓官網瀏覽數成長？

使用法

將議題分解成樹狀並驗證，思考解決問題的途徑。關鍵是要做到MECE分析。

這是怎樣的模型？

迅速解決問題的思考工具

只要藉由邏輯樹狀圖掌握問題，並決定什麼是最重要的議題，接下來開始建立假設以做成議題樹狀圖，步驟見下圖。

運用步驟

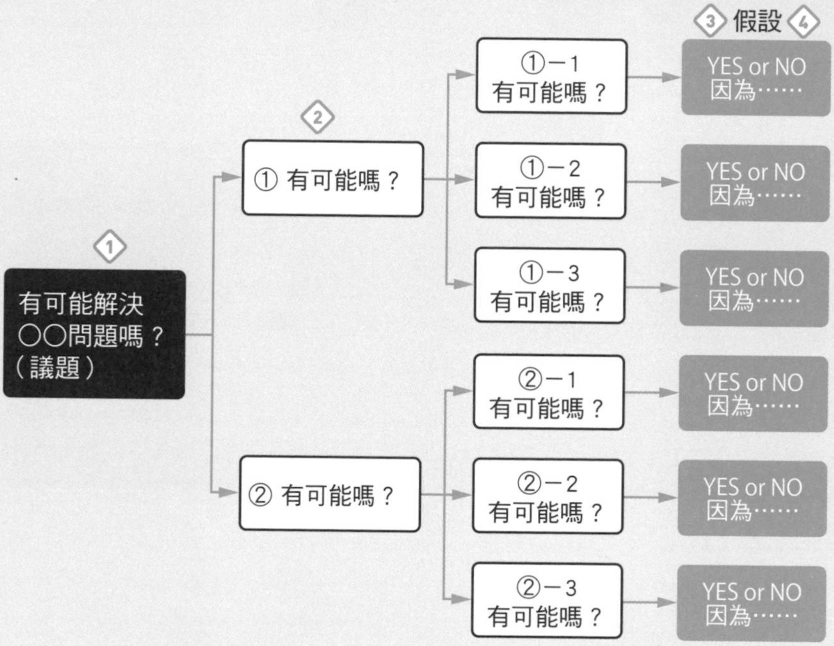

1. **設定該解決的議題。**
   選定現在最重要的議題，設成「有可能〇〇嗎？」、「應該〇〇嗎？」的問句形式。

2. **分解議題。**
   以問句形式分解要素，從而驗證議題。

3. **分析和驗證是否正確。**
   將要素分解之後再分析是否正確，以「YES」或「NO」來驗證。

4. **執行假設。**
   假如全都是「YES」，就付諸實行。

邏輯樹狀圖會在釐清問題後逐一探討其架構，時間上可能會很吃緊。因此，要設定最重要的議題作為目前的假設，再用議題樹狀圖來驗證假設是否正確。

雖然結構上和邏輯樹狀圖一樣，但以最重要的議題為出發點，針對推導出來的驗證要素，以「YES／NO」驗證假設是否正確。假如驗證要素統統都是YES，就付諸實行，其範例見一二二頁、一二三頁圖。

怎麼運用？

驗證議題的要素要記得遵循MECE原則

舉例來說，假設以「該不該舉辦升級版車種的試乘體驗促銷」為議題，就會出現「預算是否夠用？」、「預計能吸引多少客人？」及「性價比如何？」等作為驗證用的要素。這些部分將成為議題樹狀圖的枝葉。

枝葉部分也須留意是否符合MECE。若沒徹底做到MECE，就會變成粗略的分析，得不到正確的答案。經分析和驗證之後，有時或許要修正和變更議題。由於修正議題後能提升分析的精確度，所以應再做一次分析，並驗證變更後的議題。

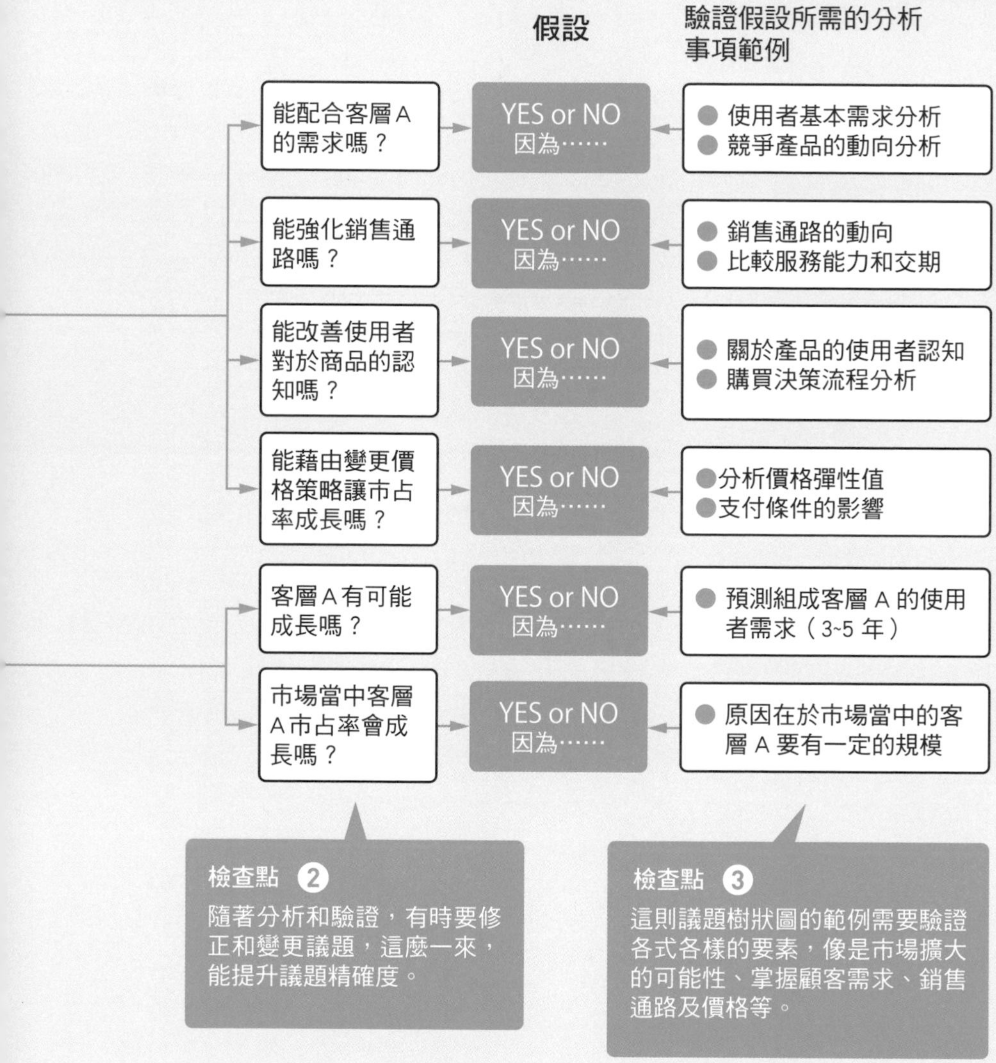
假設
驗證假設所需的分析事項範例
能配合客層A的需求嗎？
YES or NO 因為……
● 使用者基本需求分析
● 競爭產品的動向分析
能強化銷售通路嗎？
YES or NO 因為……
● 銷售通路的動向
● 比較服務能力和交期
能改善使用者對於商品的認知嗎？
YES or NO 因為……
● 關於產品的使用者認知
● 購買決策流程分析
能藉由變更價格策略讓市占率成長嗎？
YES or NO 因為……
●分析價格彈性值
●支付條件的影響
客層A有可能成長嗎？
YES or NO 因為……
● 預測組成客層 A 的使用者需求（3~5 年）
市場當中客層A市占率會成長嗎？
YES or NO 因為……
● 原因在於市場當中的客層 A 要有一定的規模
檢查點 2
隨著分析和驗證，有時要修正和變更議題，這麼一來，能提升議題精確度。
檢查點 3
這則議題樹狀圖的範例需要驗證各式各樣的要素，像是市場擴大的可能性、掌握顧客需求、銷售通路及價格等。

議題樹狀圖的範例

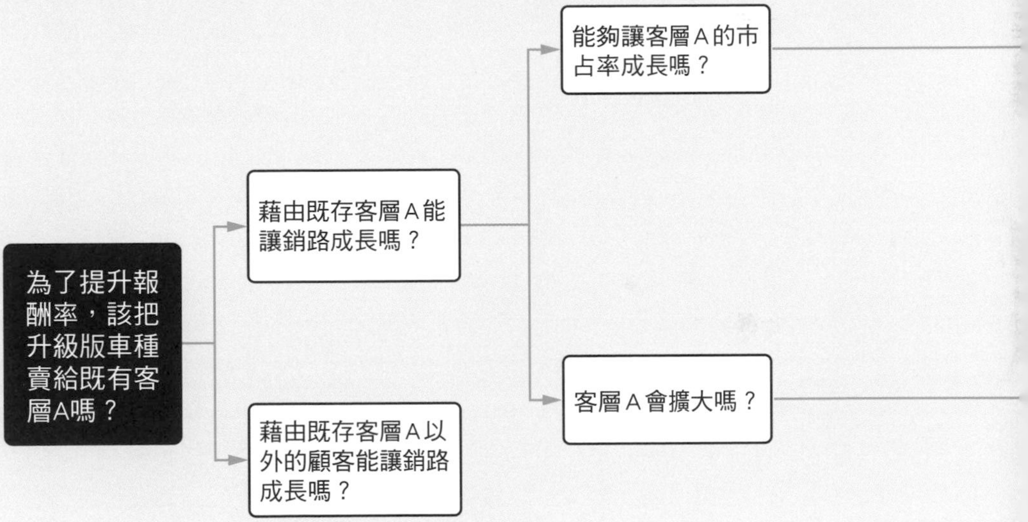

檢查點 1

要提升議題樹狀圖驗證的精確度，要記得分解時要做到的不遺漏且不重複。要是沒有徹底分解就會變成粗略的分析，找不出正確的答案。

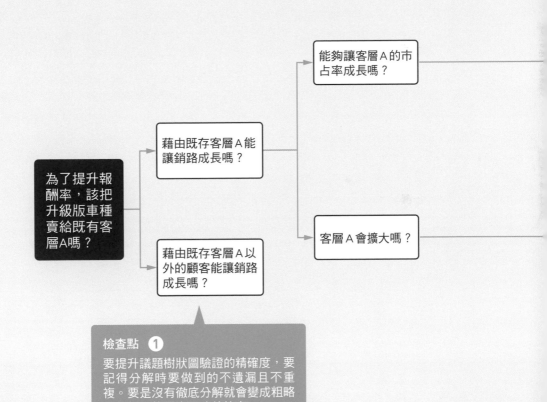

練習題

舉出一個部門內正在討論的問題，
藉由議題樹狀圖分析和驗證。

改變理解問題的方法2

ABC理論：改變看法，改變結果

運用範例

我因工作失誤造成公司重大虧損，所以沒有臉見其他同事了。

使用法

檢驗事件和結果（如情緒或應變）之間的信念（迷思或規則）是否正確，藉由邏輯思考找出解決問題的線索（見下頁圖）。

這是怎樣的模型？

以心理療法釐清事件和結果的因果關係

ＡＢＣ理論（按：即事件、信念及結果）的概念為：改變看法之後，事物就會顯露

運用步驟

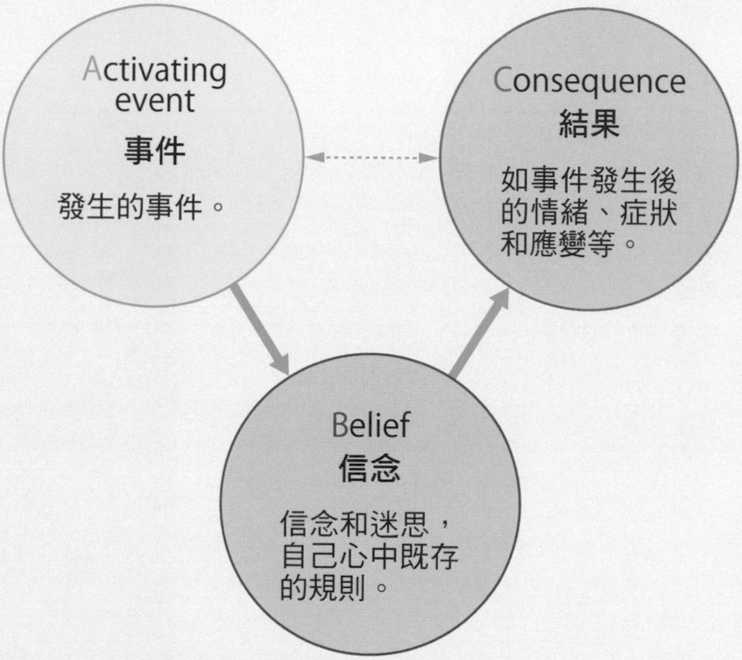

1. **了解問題的結構。**
衡量自己正煩惱的事和結果之間的關聯，了解問題的結構。

2. **檢驗信念是否正確。**
問題不在於事件本身，而是自己對事件秉持的信念。要檢驗這份信念是否真的正確，或只是迷思。

3. **用邏輯來思考，是否可能解決問題。**
合乎道理的信念，要藉由邏輯思考來減輕煩惱，同時轉換成自己可以解決的問題。

不同的風貌。

例如，某一期銷售額差，會讓不少人心情低落，覺得「自己沒做好工作」。從一般認為，銷售額差會心情低落，就表示兩者具有明確的因果關係。但若根據ABC理論，銷售額差（事件）和心情低落（結果），並沒有直接的因果關係。兩者之間夾雜著某種稱為信念的迷思，於是結果（情緒和行動）就有所變化了。

我們往往會認為事件決定結果。不過，其實決定結果的並非事件，而是當事人抱持的想法。

怎麼運用？

ABC理論釐清迷思的力量

即使是同樣的事件，抱有負面想法就會變成負面結果，抱持正面信念就會變成正面結果。

其實，許多負面信念屬於不合理信念（必須、應該〔must／should〕）。只要加以駁斥（dispute），轉變成合理信念（或許、可以、希望〔may／can／will〕）就行了

（見下頁圖）。

解決問題要從懷疑「迄今的常識」做起。就這個意義上來說，ABC理論的概念足以作為借鏡。

練習題

找出工作和生活的煩惱，思考該怎樣才可以轉換成正面意義。

將不合理信念，轉換成合理信念

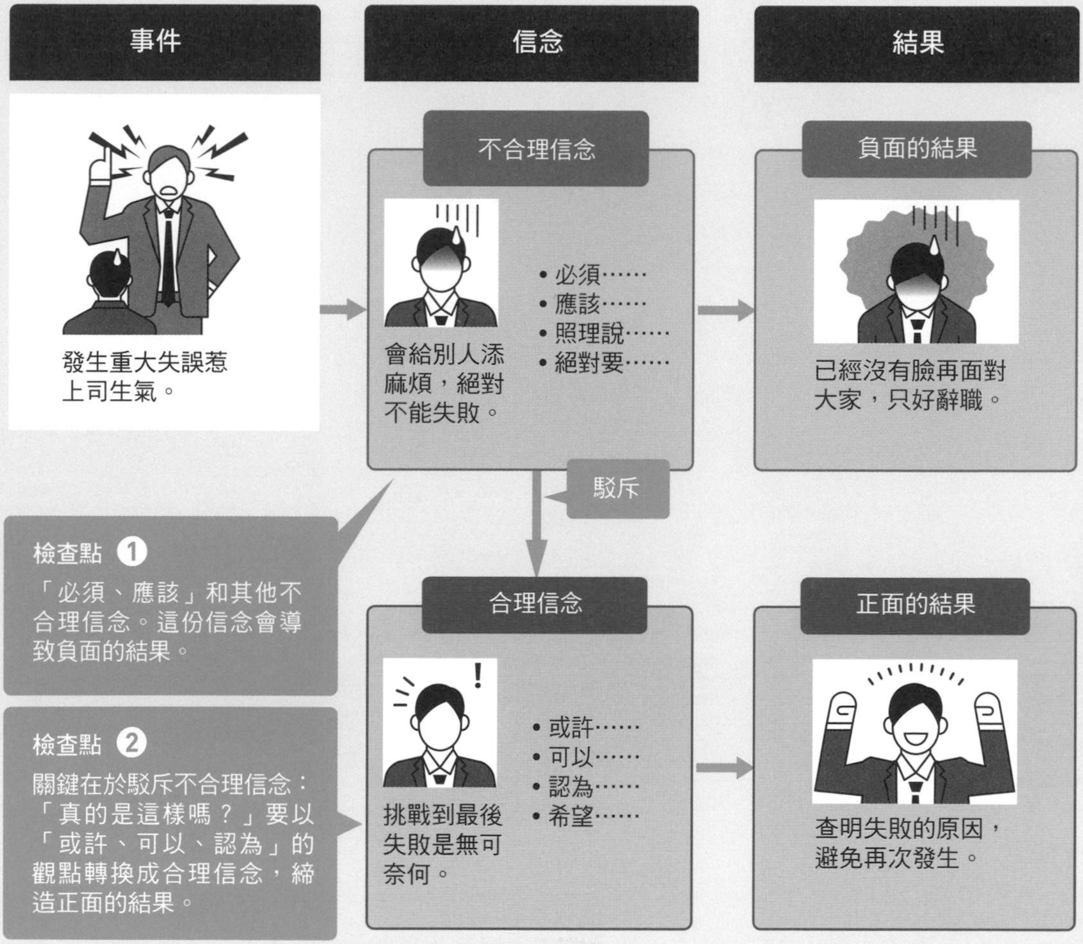
事件
信念
結果
發生重大失誤惹上司生氣。
不合理信念
會給別人添麻煩，絕對不能失敗。
• 必須……
• 應該……
• 照理說……
• 絕對要……
負面的結果
已經沒有臉再面對大家，只好辭職。
駁斥
檢查點 1
「必須、應該」和其他不合理信念。這份信念會導致負面的結果。
檢查點 2
關鍵在於駁斥不合理信念：「真的是這樣嗎？」要以「或許、可以、認為」的觀點轉換成合理信念，締造正面的結果。
合理信念
挑戰到最後失敗是無可奈何。
• 或許……
• 可以……
• 認為……
• 希望……
正面的結果
查明失敗的原因，避免再次發生。

選擇最適合的解決方案1

天空、下雨、帶傘：事實↓解釋↓行動，三步驟分析問題

運用範例

如何有條理的向既有顧客提出比現在更進階的服務？

使用法

徹底奉行天空（事實）↓下雨（解釋）↓帶傘（行動）的思考模式，強化解決問題的能力。

這是怎樣的模型？

從議題分析推導對策

該模型是分析和驗證議題，再執行對策以解決問題時，所使用的思考法。驗證議題

的過程會蒐集各種資訊，假如要用這些蒐集到的資訊來解決問題，就要記得貫徹天空、下雨、帶傘的概念。

「天空、下雨、帶傘」代表以下三道步驟：「天空」中烏黑的雲朵越來越多（事實，現狀怎麼樣），好像快要「下雨」（這個狀況代表什麼），所以決定「帶傘」出門（照這個解釋來看，要採取什麼行動）（見下頁圖）。

怎麼運用？

過度蒐集資訊，反而錯失良機

我們以汽車銷售的策略：「升級車種試乘體驗促銷活動」的應變措施，來說明如何運用該模型（見一三四頁）。

天空是既有顧客中的低價位車種銷售量下降。驗證事實後，發現既有顧客換乘其他公司具有環保性能且功能很豐富的車種。換句話說，顧客對該企業低價位車種的滿意度下降，而且購買時，重視環保性能和功能。

這時，要根據現狀和解釋，建立流程向既有顧客促銷，以此當作應變措施（方法見

運用步驟

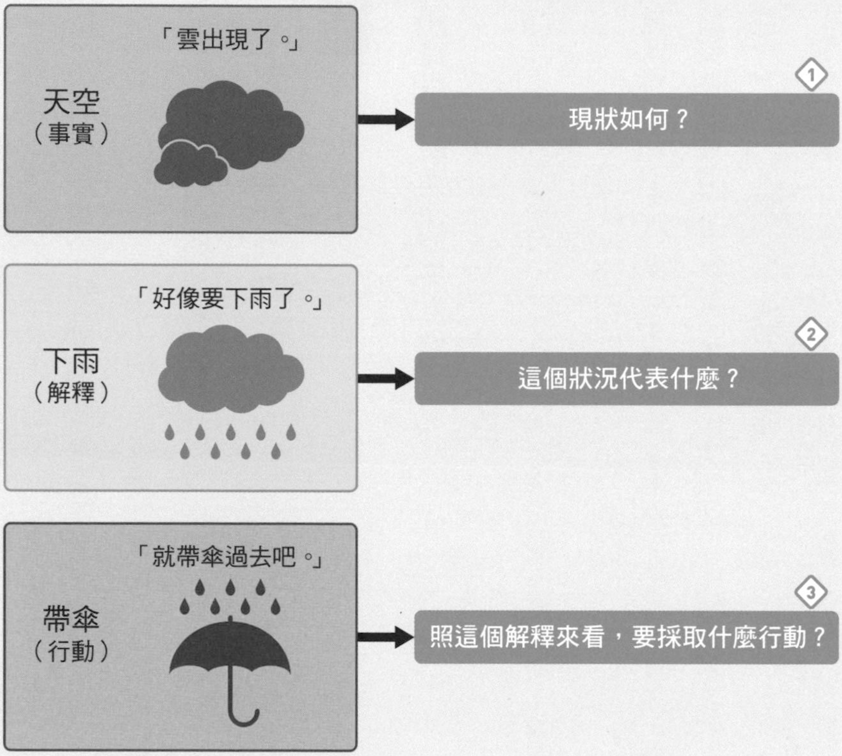

① **掌握問題和課題的現狀。**
掌握事實，了解現狀如何。

② **驗證現狀。**
驗證和深入觀察現狀意味著什麼。

③ **決定對策。**
思考對策，設想應該根據這項解釋做出什麼行動。

一三五頁）。

資訊是我們判斷時的依據，不過判斷需要時間，搞不好會因此錯失提出對策的時機，就像雨停之後，才把晾在室外的衣服收進來一樣。所以，分析和驗證議題時，應當注意別過度蒐集資訊。

練習題

試以「天空、下雨、帶傘」的概念，來分析和驗證企業的課題和問題，衡量解決問題的措施。

要怎麼巧妙活用天空、下雨、帶傘？

不要過度蒐集資訊

以販賣汽車為例

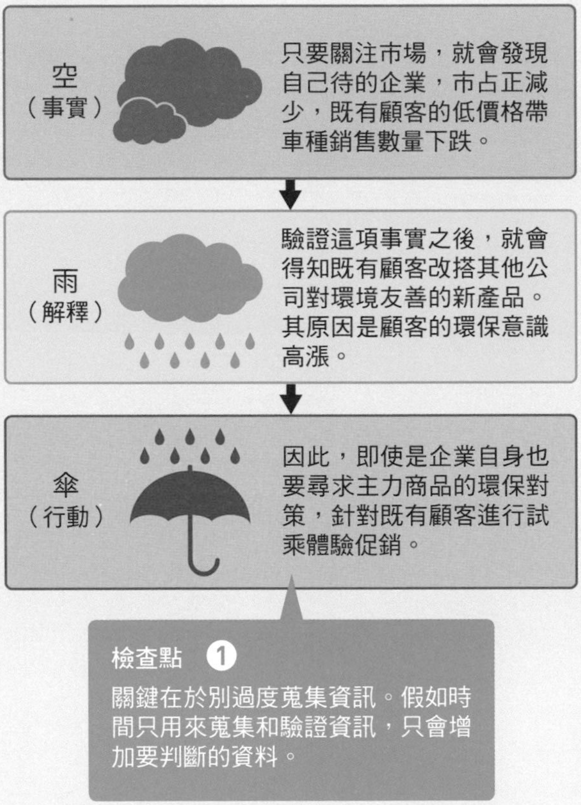
空
（事實）
只要關注市場，就會發現自己待的企業，市占正減少，既有顧客的低價格帶車種銷售數量下跌。
雨
（解釋）
驗證這項事實之後，就會得知既有顧客改搭其他公司對環境友善的新產品。其原因是顧客的環保意識高漲。
傘
（行動）
因此，即使是企業自身也要尋求主力商品的環保對策，針對既有顧客進行試乘體驗促銷。
檢查點 1
關鍵在於別過度蒐集資訊。假如時間只用來蒐集和驗證資訊，只會增加要判斷的資料。

再三反覆追問「為什麼」

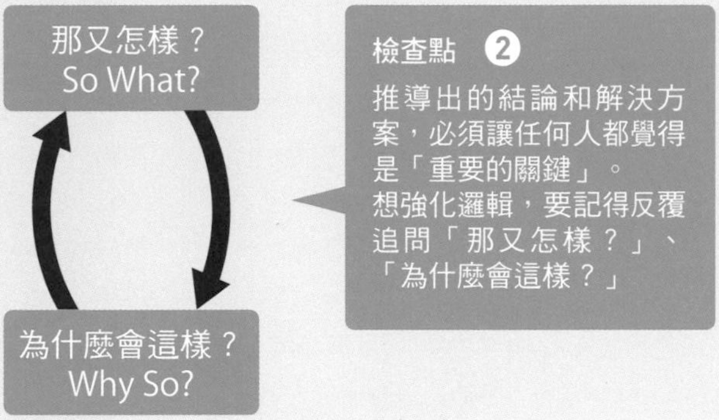
那又怎樣？
So What?
為什麼會這樣？
Why So?
檢查點 2
推導出的結論和解決方案，必須讓任何人都覺得是「重要的關鍵」。
想強化邏輯，要記得反覆追問「那又怎樣？」、「為什麼會這樣？」

從「對誰、做什麼、如何做」來思考

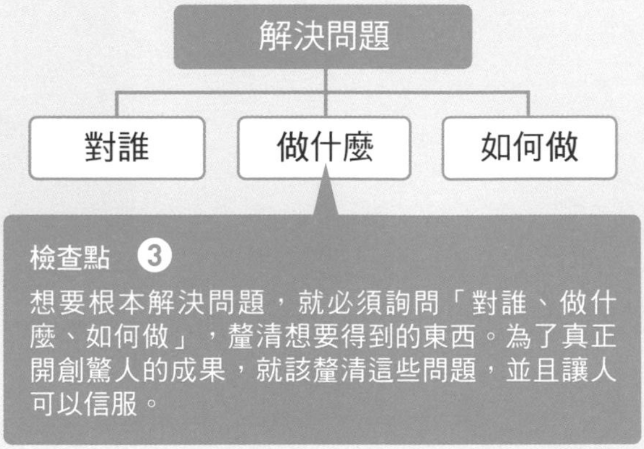
解決問題
對誰
做什麼
如何做
檢查點 3
想要根本解決問題，就必須詢問「對誰、做什麼、如何做」，釐清想要得到的東西。為了真正開創驚人的成果，就該釐清這些問題，並且讓人可以信服。

選擇最適合的解決方案2

重要性／急迫性矩陣：任務分成四種，決定優先順序

運用範例

工作太多，不曉得該從哪件事下手。

使用法

運用重要性和急迫性的雙軸矩陣，將任務分成四類。檢驗哪個優先順序高、哪個優先順序低（見下頁圖），徹底做好時間管理。

這是怎樣的模型？

從重要性／急迫性劃分業務

被工作追著跑，每天不得不加班的人，可把工作項目套進這個模型。利用重要性和

運用步驟

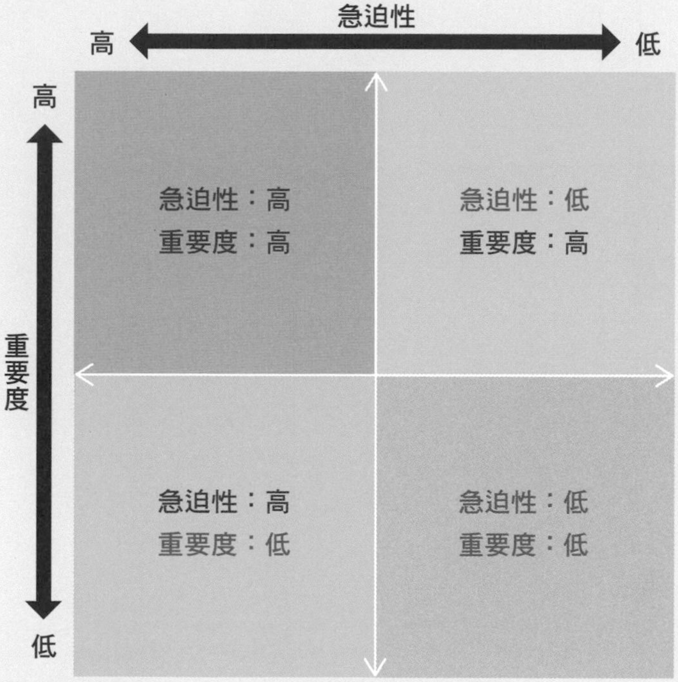

1. **寫出業務內容和課題。**
寫出平常的業務內容和必須做的事情。

2. **套進矩陣當中。**
套進急迫性和重要性的雙軸矩陣當中，能讓你看見課題的優先順序。

3. **配合 4 個領域安排優先順序**
彙整矩陣後，核對哪個優先順序高，哪個優先順序低。再參考 140 頁、141 頁圖，配合 4 個領域，徹底做好時間管理。

急迫性的雙軸矩陣，將工作分成四類，來安排處理工作的優先順序。

重要性和急迫性皆高的業務，包括設有截止日期的業務、會議和客訴處理。重要性高、急迫性低的業務，則相當於建立人際關係、為將來做準備、用功念書及自我啟發。重要性低、急迫性高的業務，包含不重要的電話、會議及不速之客。重要性和急迫性皆低的業務，則是沒有重點的冗長電話（範例見一四〇頁、一四一頁圖）。

怎麼運用？

最該優先處理的業務是什麼？

重要性和急迫性皆低的業務，對工作者來說毫無益處，現在就要馬上刪除。重要性低、急迫性卻高的業務分在第三區。雖然多半可以在短時間內完成，卻鮮少帶來重大的成果。

重要性和急迫性皆高的業務，能帶來龐大成果，當然應該率先下手。但若一直被這樣的業務追著跑，工作的品質就會下降，結果就是最後要額外花的時間重做，一點好處都沒有。要思考如何朝減少這一區的工作量。

重要性高、急迫性低的業務中，充滿了對未來很重要的事物，像是提升技能、改善業務等。特意增加這裡的項目之後，就能降低其他活動的急迫性，提升重要性。

練習題

清查自己每天的工作量，再套進矩陣當中，衡量該消除和減少的工作有哪些。

不急迫

第二區　優質區

- 針對將來準備和計畫。
- 改善業務系統。
- 指導和培訓部屬。
- 團隊建設（team building）。
- 提升自己的技能。
- 建立豐富的人際關係。
- 預防意外和風險對策。
- 釐清價值觀。

檢查點 ❷

重要卻無須馬上做的活動。雖然沒有即效性，但能提升自身能力及改善工作效率等活動，所以可刻意多安排第二區的項目，降低其他活動的急迫性，提升重要性。

第四區　瞎忙區

- 沒有重點的冗長電話。
- 什麼也不做的等待時間。
- 沒有意義的網路訊息。
- 聊八卦打發時間。
- 什麼也不做的移動時間。
- 漫無目的觀看電視。

檢查點 ❹

急迫性和優先順序皆低的活動對將來沒有助益，只是在浪費時間。這種活動沒有必須去做，從一開始就該馬上刪除。

為每天的工作排好優先順序，做好時間管理

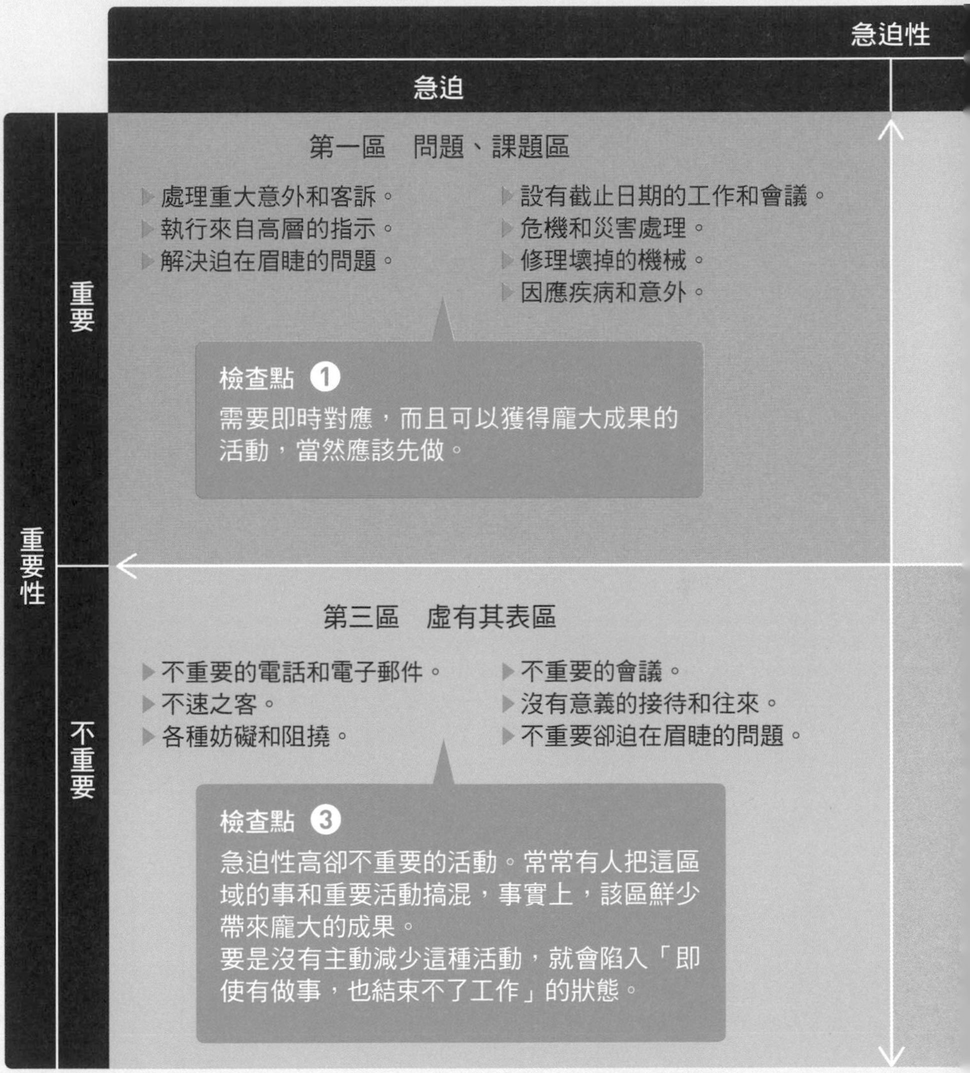
急迫性
急迫
重要性
重要
第一區　問題、課題區
處理重大意外和客訴。
執行來自高層的指示。
解決迫在眉睫的問題。
設有截止日期的工作和會議。
危機和災害處理。
修理壞掉的機械。
因應疾病和意外。
檢查點 1
需要即時對應，而且可以獲得龐大成果的活動，當然應該先做。
不重要
第三區　虛有其表區
不重要的電話和電子郵件。
不速之客。
各種妨礙和阻撓。
不重要的會議。
沒有意義的接待和往來。
不重要卻迫在眉睫的問題。
檢查點 3
急迫性高卻不重要的活動。常常有人把這區域的事和重要活動搞混，事實上，該區鮮少帶來龐大的成果。
要是沒有主動減少這種活動，就會陷入「即使有做事，也結束不了工作」的狀態。

選擇最適合的解決方案3

假設思考：精確度高的假設，迅速解決問題

運用範例

為什麼我無法提升工作效率？

使用法

職場上更看重「即使假設粗略，也要迅速循環驗證」，而非「完美卻花時間」。要根據假設，迅速看出問題的本質和整體形貌（見下頁圖）。

這是怎樣的模型？

反覆假設↓驗證，以最快的途徑解決問題

我們在著手解決問題時，往往以為資訊越多，越能推導出正確答案。然而工作時，

運用步驟

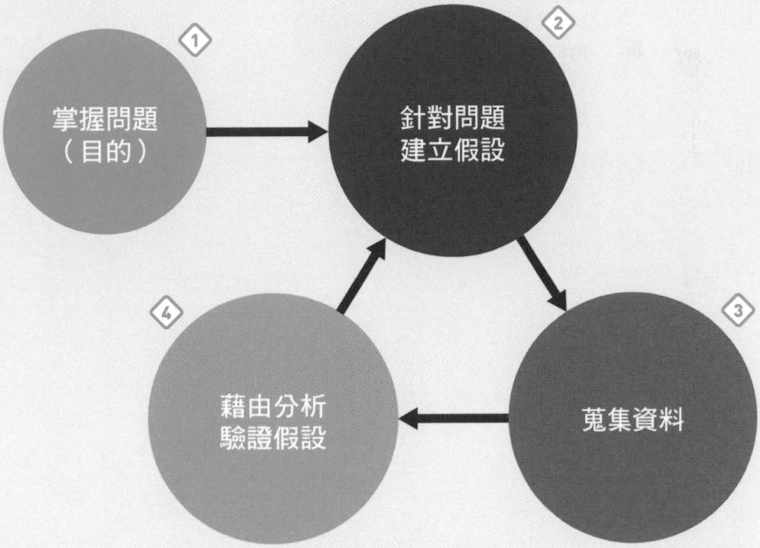

1. **掌握根本的問題。**
   眼前的業務要解決什麼樣的課題（問題），時時保持中立態度蒐集資訊。

2. **建立假設。**
   從持有的資訊中，建立可能會達成目標和解決問題的暫時性結論（假設）。這個假設不必完全正確。

3. **蒐集資料。**
   根據這項假設，秉持「要蒐集什麼樣的資訊，才能驗證」的觀點，蒐集資訊。

4. **驗證假設。**
   藉由資料來驗證假設，假如假設錯誤就修正，再度驗證。重複以上步驟，就可以推導出精確度更高的結論。

蒐集許多資訊並分析再推導結論，很不現實。

這時假設思考模型就派上用場了。

這種思考方式是從有限的資訊中，建立最好的結論當作假設，再根據假設迅速看出問題的本質和整體形貌。藉由設定假設，就能專注在應該探討的作業上，哪怕假設錯誤，也可以經由驗證適當修正，進而有效率的解決問題。

怎麼運用？

驗證較好的假設，而非找到最佳解決方案

建立假設時的關鍵，在於假設的證據。分析狀況和驗證工作時，要盡量使用數值和資料。另一個關鍵，則在於建立假設以促進具體行動。因此，要針對建立的假設不斷詢問「那又怎樣」，直到足以具體行動為止（方法見一四六頁、一四七頁）。

藉由反覆的假設→執行→驗證，以提升假設的精確度。商務中沒有絕對正確的答案，與其追求一百分滿分的最佳解決方案，不如立刻執行較佳的解決方案，再不斷修正路線，產能會比較高。

養成工作和行動之前先思考的習慣，就可以建立更好的假設。

練習題

如何將平時的通勤時間縮短五分鐘？

試著針對該問題建立假設，經驗證後再實行。

要怎麼提升假設思考能力？

養成建立假設的習慣

想建立良好的假設，就要養成假設思考的習慣，累積經驗。這時不妨養成習慣，行動前先思考。

增加吸收的資訊

若吸收的資訊少，即使費盡心思衡量假設，也會侷限思考。所以平常就要蒐集資訊，再根據這項資訊建立優質的假設。

描繪理想的模樣

建立假設，是為了達到最好的結論。假設的精確度和論點的合理性從一開始就要相輔相成，逐漸提升。

檢查點 ❷

工作時，需要迅速行動和判斷。想要實現這一點就要注重彈性，因應環境的變化改變目標，拿出最好的結論。

用最快的途徑摸索出結論

假設思考和一般思考的差異是什麼？

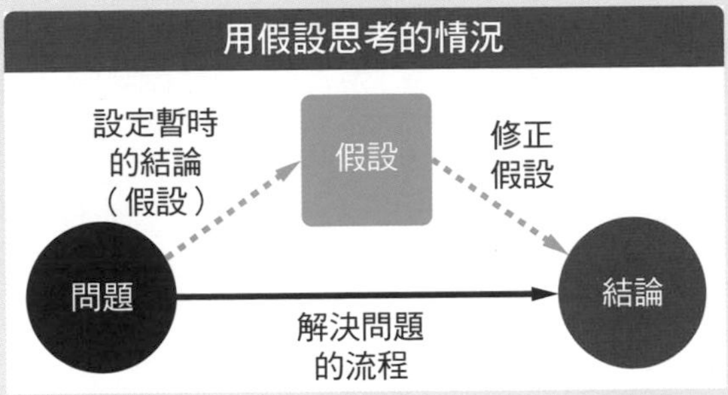

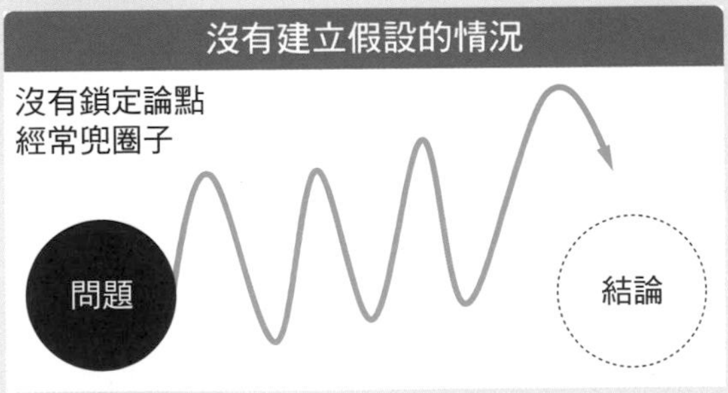

檢查點 ❶

要是沒有建立假設，就看不見抵達結論的途徑，經常兜圈子或中犯錯。另一方面，假如在假設思考時經由驗證發現假設錯誤，只要不斷修正假設，就可以推導至結論。

第四章

行銷策略模型，競爭對手連你的車尾燈都看不到

近代行銷之父菲利普·科特勒（Philip Kotler）說：「沒有調查就試圖進入市場，就像看不見卻要走入市場一樣。」我們要掌握行銷策略中，堪稱必備的調查分析相關模型。

分析市場

要推導出今後的策略，需要釐清企業自身周圍的外部環境。

這裡會介紹有效分析市場、顧客和競爭者的三個模型。

▸ PEST 分析、五力分析、3C 分析

制訂銷售策略

決定產品的內容及價格時，重要的是調查和分析市場上的具體定位及目標。

▸ STP 分析、行銷組合、人物誌、產品生命週期

開發新顧客

想開發新顧客看見顧客族群購買企業產品和服務，可以制訂行銷策略。

▸ AIDMA、客戶體驗旅程

建立品牌價值

企業藉由品牌（支撐信賴感和知名度等無形的資產）讓產品和服務，展現自己與其他企業間的差異。以下模型能用來找出提升企業品牌價值的關鍵。

▸ 核心能力分析、品牌權益

分析市場1

PEST分析：分析宏觀環境，擬訂中長期策略

運用範例

有沒有辦法把符合遠距工作潮流的新型咖啡店，當作事業的靠山呢？

使用法

PEST（按：即政治、經濟、社會及技術）能分析外部環境，會為企業帶來什麼影響，再用於開發企業產品和擬訂策略上（見下頁圖）。

這是怎樣的模型？

從四個觀點分析周圍環境

PEST用來分析宏觀外部環境對企業帶來什麼影響。其組成要素為：

運用步驟

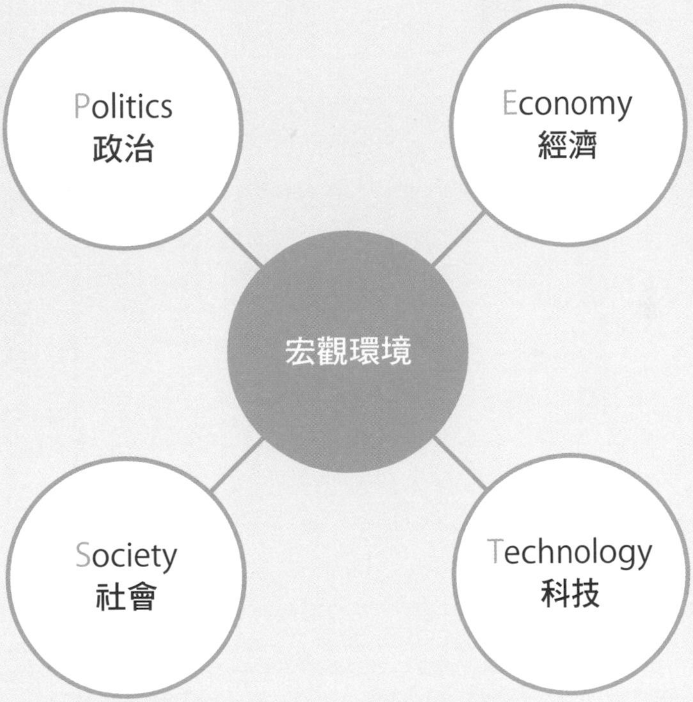

1. **藉由 PEST 分析宏觀環境。**
從政治、經濟、社會及科技等 4 個觀點，寫出可能為企業事業帶來影響的環境。揀選時，要記得不只是現狀，還要意識到中長期（3 至 5 年後）的變化。

2. **檢查有沒有重複和遺漏。**
將想到的事情統統寫出來後，檢查有沒有重複和遺漏。揀選對於企業來說重要的事，活用於產品開發和策略擬訂上。

1. 政治（Politics）：修法、限制放寬、修改稅制、政治動向等。
2. 經濟（Economy）：景氣、股價、消費、物價、利息等。
3. 社會（Society）：人口動態、生活方式的變化、流行等。
4. 科技（Technology）：AI、IoT（物聯網）及其他技術革新。

宏觀環境常會大幅影響商業狀況，但企業無法控制環境，所以分析顯得更加重要。掌握和分析企業和產業周圍中長期的宏觀環境，並活用在行銷策略上，就是PEST分析的目的。

怎麼運用？

著眼於變化，針對威脅研討對策

清查外部因素雖然不難，PEST分析仍有幾個重點。

首先，做PEST分析時，必須著眼於變化——掌握世間的變化和趨勢，了解這些變化對事業有什麼影響，假如出現會左右利潤的威脅，就要研討對策。

這時，應該注意不要過於拘泥目前發生的現象。除了眼前狀況之外，也要預測今後發生的變化和動向。需要分辨現在發生的變化是暫時現象，還是中長期結構的變化。

因此，這時不妨建立三至五年後的中長期假設。藉由建立假設沙盤推演，就可以獲得衡量中長期環境變化的觀點（範例見下頁、一五五頁圖）。

練習題

試著從通訊營運商和製造商的觀點，為變化激烈的手機產業做PEST分析。

汽車產業的分析範例

變化	機會	威脅	課題假設
・加強限制油耗和排放廢氣。 ・改變環保車減稅制度。	・小型車賣量增加。 ・想辦法增加環保車種的銷路。	・大型車賣量減少。 ・都會區賣量減少。 ・歐洲的環保限制。 ・美中貿易摩擦。	・需求會從大型車變化為小型車。 ↓ ・資源往小型房車和輕型車集中。
・世界經濟的不透明感。 ・能源和原物料費用的變化。 ・基礎通貨的波動性。	・併購競爭對手和供應商。 ・對國外工廠展開新投資。	・製造成本上升。 ・整體需求減少。 ・資金調度困難。 ・匯率差額擴大。	・必須大幅降低成本。 ・確立減產也能應變的生產體制。
・進入人口減少的時代。 ・整修都市交通網。 ・價值觀從擁有轉變為分享。	・擴大出口輛數。 ・提出新興的汽車相關產業。 ・共享汽車。	・匯率風險增加。 ・以年輕人為中心的使用需求量開始減少。	・進軍汽車以外的相關產業。 ・引進換乘服務。
・ITS和自動駕駛系統的進步。 ・擴大使用低 CO_2 排放型電力。 ・提升 CO_2 固定化技術的獲利能力。	・削減 CO_2 排放量。 ・改善電動車的獲利能力。 ・提升環保形象。	・原物料（稀有金屬等）價格高漲。 ・開發競爭的激化。 ・IT化導致不同產業進入市場。	・必須確保原物料穩定供貨。 ・智慧財產策略。 ・強化開發尖端技術。

檢查點 ②

做PEST分析時，可以試著列出環境將會產生什麼變化，這種變化會對企業帶來什麼機會和威脅，以及該如何應對，並把這些當作課題假設。

（按：ITS，即智慧型運輸系統。應用先進的電子通信、資訊與感測等技術，整合人、路、車的管理策略，提供即時資訊而增進運輸系統的安全跟效率。）

PEST 分析的範例

Politics 政治：讓市場規則變化的要素

- 法律、修法（限制、放寬）。
- 稅制、減稅和增稅。
- 政治動向、政黨輪替。
- 消費者保護。
- 審判制度。
- 政治團體、示威等。

Economy 經濟：替價值鏈帶來影響的要素

- 景氣動向。
- 物價。
- 消費動向。
- 經濟成長率。
- 匯率、股價、利息、原油價格等。

Society 社會：替供需結構帶來變化的要素

- 人口動態、密度、結構。
- 家戶。
- 高齡人口、少子化。
- 能源成本。
- 流行、輿論。
- 公害、天然資源。
- 生活方式等。

Technology 科技：替競爭場域帶來影響的要素

- 基礎設備。
- 創新。
- IT活用。
- 新技術、技術開發。
- 專利等。

檢查點 1

PEST的各個要素並非各自為政，而是交織變化。要記得意識彼此的關聯，並進行多角化分析。

分析市場2

五力分析：找出產業的競爭因素與威脅

運用範例

雖然想創業，但我有辦法在這個產業中勝出嗎？

使用法

分析以下五力競爭因素，並套用在企業策略上：產業內的競爭、供應商的議價能力、客戶的議價能力、潛在進入者的威脅、替代品的威脅（步驟見下頁圖）。

這是怎樣的模型？

從五大競爭因素，分析產業的魅力程度

近來消費者需求和生活方式多樣化，時代的變化加速，商務上也少不了產業分析。

運用步驟

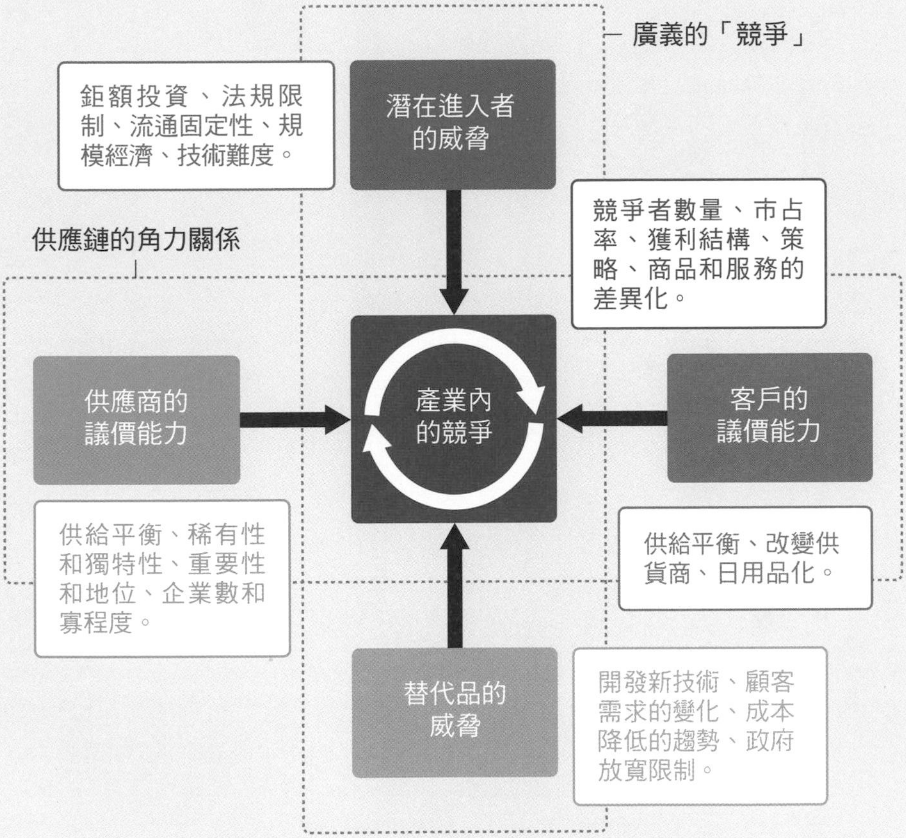
廣義的「競爭」
鉅額投資、法規限制、流通固定性、規模經濟、技術難度。
潛在進入者的威脅
競爭者數量、市占率、獲利結構、策略、商品和服務的差異化。
供應鏈的角力關係
供應商的議價能力
產業內的競爭
客戶的議價能力
供給平衡、稀有性和獨特性、重要性和地位、企業數和寡程度。
供給平衡、改變供貨商、日用品化。
替代品的威脅
開發新技術、顧客需求的變化、成本降低的趨勢、政府放寬限制。

1 **分析五大競爭因素。**
從五個觀點分析企業自身所屬的產業、研究產界結構是否適合當潛在進入者，或是市場吸引人的程度。

2 **將分析結果應用在企業策略上。**
研究能否在這個產業建立獲利結構，建立定位、贏得競爭，再活用於自身的策略上。

而該模型就是用來分析企業自身周圍的商業環境，釐清產業的獲利結構。

這是美國管理學家麥可・波特（Michael Porter）提倡的方法，從影響產業的五大競爭因素，分析該產業的魅力程度。

怎麼運用？

分析替代品、潛在進入者及其他現存的威脅

五力競爭因素如下：

1. 產業內的競爭：這個模型會分析競爭環境，像是產業內有哪些競爭，競爭因素是成本還是差異化等。
2. 供應商的議價能力：確認零件、原料及供應商的其他影響力是強是弱。當供應商寡占或擁有獨家技術時，進貨的價格就會提高，獲利因此降低。
3. 客戶的議價能力：買方（顧客和使用者）的力量強弱。假如客戶力量強大，賣價就會比期望價格便宜，減少利潤。

4. 潛在進入者的威脅：產業有多少潛在進入者。若進入障礙低，企業自身的市占率就有可能被搶走。
5. 替代品的威脅：現有商品和服務的需求能否以別的形式和機制滿足。當低價和優質替代品出現時，威脅就會變大。

五力越強，產業的競爭就越形激烈，獲利越低。

藉由五力分析就會釐清產業的競爭因素，能找到增加獲利的課題，想建立今後的策略，可活用該模型（範例見下頁、一六一頁圖）。

練習題

試著為企業所處的產業和未來想要進入的市場，寫出五個競爭因素，再加以分析。

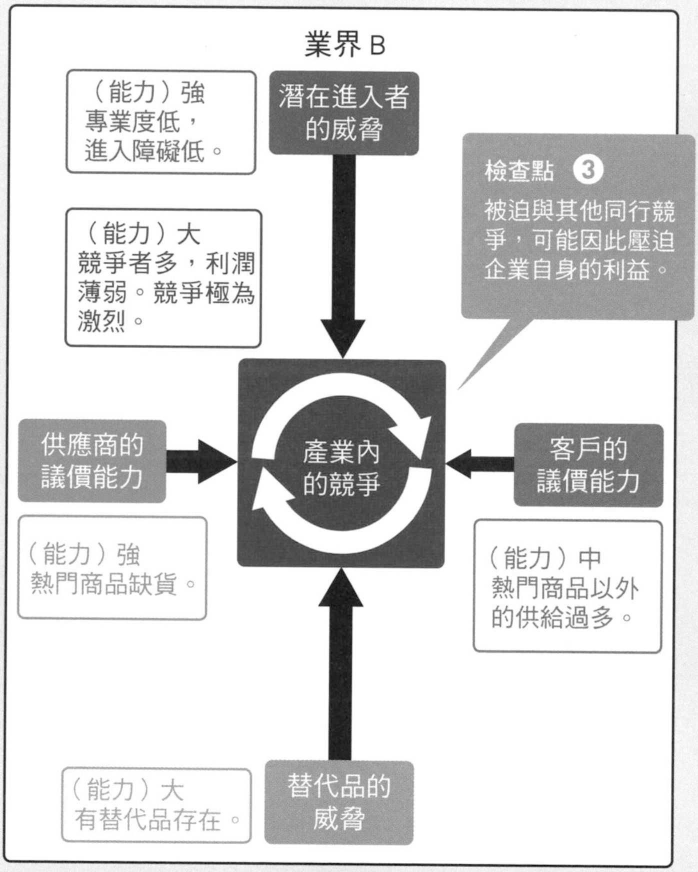
業界 B
（能力）強
專業度低，
進入障礙低。
潛在進入者
的威脅
（能力）大
競爭者多，利潤
薄弱。競爭極為
激烈。
檢查點 3
被迫與其他同行競
爭，可能因此壓迫
企業自身的利益。
供應商的
議價能力
產業內
的競爭
客戶的
議價能力
（能力）強
熱門商品缺貨。
（能力）中
熱門商品以外
的供給過多。
（能力）大
有替代品存在。
替代品的
威脅

產業內的競爭激烈，還有潛在進入者的威脅。其他的壓力也很強大，不是有利可圖的產業。

藉由五力來分析能否進入產業的範例

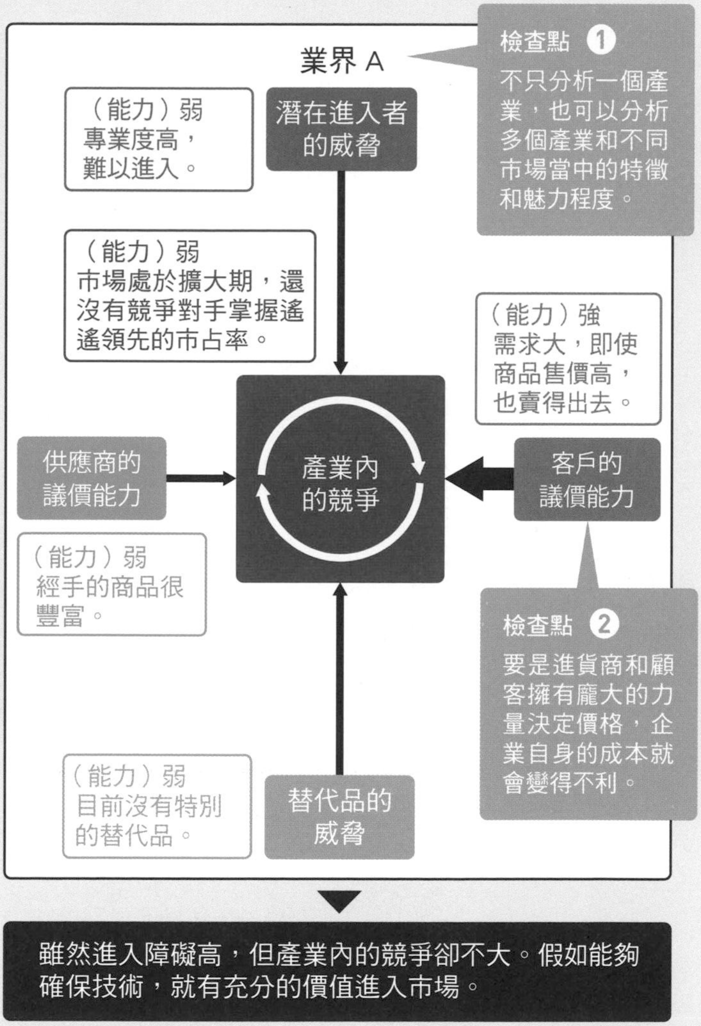
業界 A
檢查點 1
不只分析一個產業，也可以分析多個產業和不同市場當中的特徵和魅力程度。
（能力）弱
專業度高，難以進入。
潛在進入者的威脅
（能力）弱
市場處於擴大期，還沒有競爭對手掌握遙遙領先的市占率。
（能力）強
需求大，即使商品售價高，也賣得出去。
供應商的議價能力
產業內的競爭
客戶的議價能力
（能力）弱
經手的商品很豐富。
檢查點 2
要是進貨商和顧客擁有龐大的力量決定價格，企業自身的成本就會變得不利。
（能力）弱
目前沒有特別的替代品。
替代品的威脅
雖然進入障礙高，但產業內的競爭卻不大。假如能夠確保技術，就有充分的價值進入市場。

分析市場3

3C分析：分析市場與競爭者，找出成功主因

運用範例

我想知道企業的立場在某產業中為何。

使用法

將經營環境套進3C（按：即市場和顧客、競爭者、企業自身），並加以分析。這是既簡單且通用性最高的模型（見下頁圖）。

這是怎樣的模型？

從三個觀點，分析企業自身的商務環境

3C分析是透過三個觀點來分析現狀，了解企業自身處於什麼經營環境中，進而擬

運用步驟

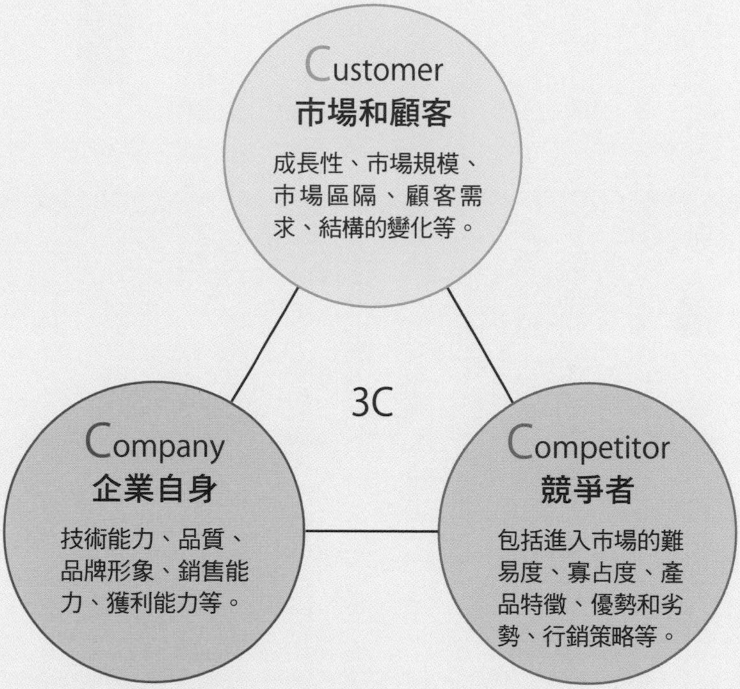

1. **將企業自身的經營環境套進 3C 的模型中。**
   將企業的經營環境套進市場和顧客、競爭者、企業自身這三個觀點加以分析。要陳列出來。

2. **根據分析認識現狀和課題。**
   根據寫出來的分析項目認識現狀和課題，再找出讓生意成功的關鍵因素（KSF）。

3. **擷取關鍵成功因素，並制訂策略。**
   雖然環境分析是 3C 的工作，不過光是寫出事實沒有意義。還要制訂讓事業成功的策略，實際行動。

訂策略，發現經營課題、商品分析及其他各程度的疑難雜症。

怎麼運用？

別花太多時間蒐集資料

做3C分析時，要先分析市場和顧客。要是市場和顧客的定義不明確，就算分析競爭者或企業自身，也無法得出明確的資料。要注意市場和顧客的需求變化，以宏觀視角分析商務環境；用微觀視點分析業界及顧客。

其次是競爭者分析，重點則在於競爭者如何因應市場和顧客的需求變化。具體來說，就是分析競爭者品牌的定位、形象策略和資源，重點驗證以下兩件事：競爭者在商業上的結果和導致結果的理由。

最後為企業自身分析，根據市場分析和競爭者分析，探討自己的立場、策略以及資源。藉由分析來尋找自身生意成功的因素，像是擷取競爭對手的優點，或競爭者進入了不擅長的市場等。

許多人使用3C分析時，往往會陷入一個情況：把蒐集資訊當作主要目的，花費許多時間和勞力，來蒐集和解析資料。然而，3C分析的目的，充其量只是推導企業自身的成功因素。

因此，做3C分析之前要釐清目的，專注焦點，才能變得有效率（範例見下頁、一六七頁圖）。

練習題

企業目前處於什麼樣的經營環境，試用3C法分析現狀，衡量今後的策略和改善方案。

分析範例

- ○ 以亞洲為中心擴大市場（年利率15%）。
- ○ 施行節能法。
- △ 國內的設備投資停滯不前。
- △ 客製化案件增加（多樣化）。

檢查點 1
從市場的宏觀視角和顧客的微觀視角來分析。衡量行銷策略時，市場和顧客最為重要。

- ○ 國內市占率第一名（35%）。
- ○ 國內廠商無法匹敵。
- ○ 第五名和第六名從市場撤退。
- × 中國的兩大龍頭企業預計要進入日本市場。
- × 與專業廠商的價格競爭激化。

檢查點 2
當分析所有競爭要素很吃力時，不妨鎖定競爭對手再分析。只不過，要得知對方的優勢和成本結構並非易事，需要踏實的蒐集資訊。

- ○ 產品豐富齊全。
- ○ 國內代理商的販售網很強大。
- × 新興國家的海外販售網很脆弱。
- ○ 技術開發能力在國內首屈一指。
- × 沒有趕上線上商務潮流。

檢查點 3
定性定量分析經營資源和活動。不妨藉由價值鏈分析（266頁）掌握各個活動的特徵，與產生的附加價值。

藉由 3C 分析尋找企業自身的課題

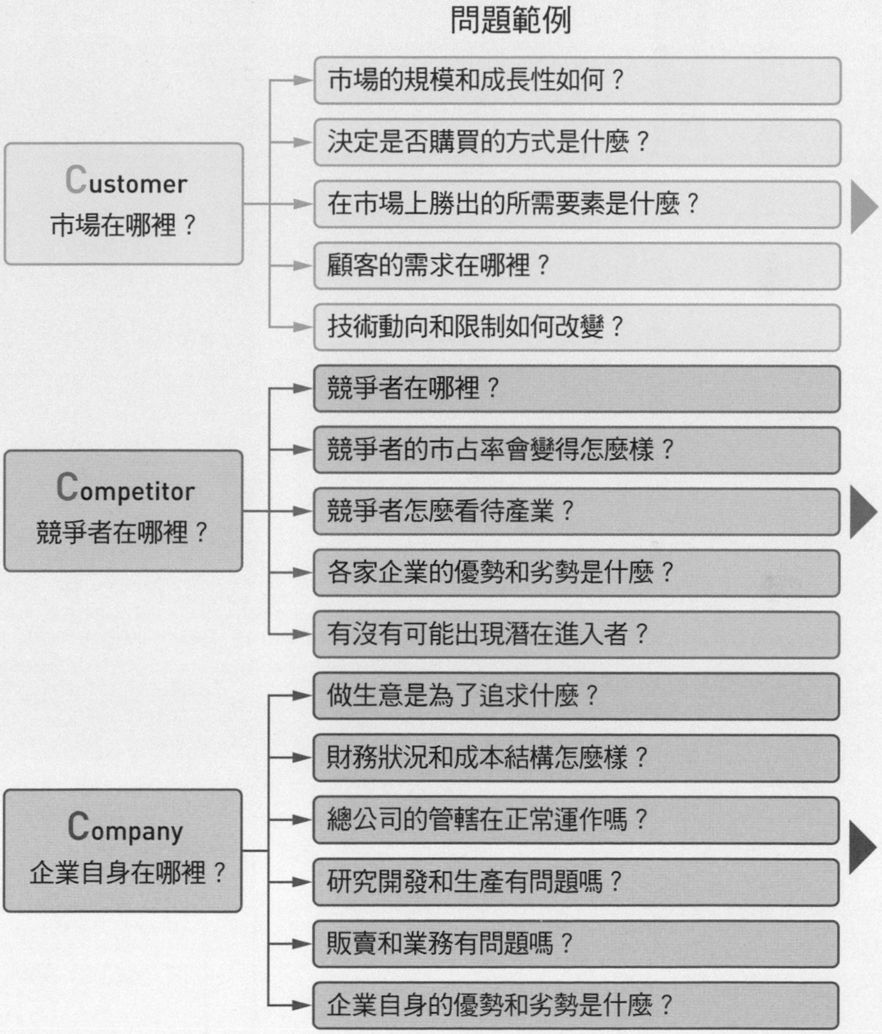
問題範例
Customer
市場在哪裡？
市場的規模和成長性如何？
決定是否購買的方式是什麼？
在市場上勝出的所需要素是什麼？
顧客的需求在哪裡？
技術動向和限制如何改變？
Competitor
競爭者在哪裡？
競爭者在哪裡？
競爭者的市占率會變得怎麼樣？
競爭者怎麼看待產業？
各家企業的優勢和劣勢是什麼？
有沒有可能出現潛在進入者？
Company
企業自身在哪裡？
做生意是為了追求什麼？
財務狀況和成本結構怎麼樣？
總公司的管轄在正常運作嗎？
研究開發和生產有問題嗎？
販賣和業務有問題嗎？
企業自身的優勢和劣勢是什麼？

制訂銷售策略1

STP分析：鎖定目標，有效開拓市場

運用範例

已經有人針對中間所得客層，開拓低價的義式餐館市場嗎？

使用法

用STP（按：即市場區隔、選擇目標市場及市場定位）分析市場，衡量企業在市場中的定位是什麼（見下頁圖）。

這是怎樣的模型？

找出市場優勢的三個階段

該模型能細分市場、鎖定目標、釐清定位，藉此了解企業自身的優勢，找出與競爭

運用步驟

① 替市場做區隔。

藉由年齡、地區、意向等要素替市場做區隔，再核驗有沒有做到不遺漏、不重複。

Segmentation

市場區隔

市場區隔的範例

- 年齡、性別
- 地區、氣候
- 意向
- 使用頻率

② 選擇目標市場。

根據以下的判斷標準，從市場區隔當中選擇企業自身極有可能獲勝的特定市場。

Targeting

選擇目標市場

判斷標準的範例

- 市場規模
- 成長性
- 優先順序
- 能否達成
- 競爭狀況
- 反應能否測量
- 自身的經營資源
- 環境因素

③ 衡量企業自身的立場。

要替目標消費者選擇產品和服務時，就要運用定位圖（289頁），衡量企業自身的定位。

Positioning

市場定位

企業自身的定位是什麼？定位有助於將產品和服務的魅力傳達給顧客，並且讓人認知到與其他公司的差異。

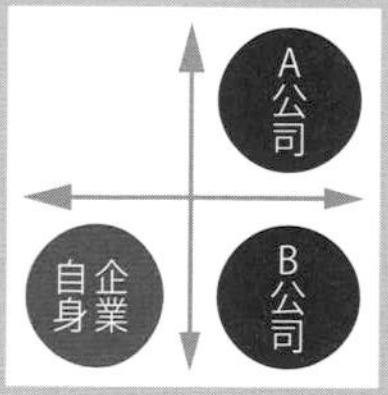

對手差異之處。

怎麼運用？

站在顧客角度分析

市場區隔是將擁有相似需求的客層分為一類，以細分市場。要依照共通項目分組時，所使用的指標有以下四種：

1. 地理變數（Geographic Variable）：國家、地區、都市規模、發展程度、人口、氣候、文化和生活習慣、宗教等。
2. 人口統計變數（Demographic Variable）：年齡、性別、職業、所得、學歷、家庭結構等。
3. 心理變數（Psychographic Variable）：價值觀、興趣嗜好、生活方式等。
4. 行為變數（Behavioral Variable）：購買頻率、購買模式、用途、購買時的態度和反應等。

祕訣在於不過於拘泥產品的屬性，至少要選擇最能掌握顧客需求的指標。

其次的目標市場，則是從細分的小組當中，選擇要瞄準哪個市場（顧客）。評估時使用5R（市場規模、成長性、優先順序、達成可行性、競爭狀況）之類的指標，就可以有效率的選擇目標。

最後的市場定位，是要釐清企業自身在目標市場當中的立場。使用定位圖或其他工具與競爭者相比，掌握優勢在哪裡，並看出差異因素。

做STP分析時要記得站在顧客的觀點來分析，而非從業界和企業的觀點。該模型範例見下頁、一七三頁圖。

練習題

試著站在顧客的角度，為自身商品和服務做STP分析，衡量行銷策略以尋求與競爭對手差異化。

掌握競爭環境

掌握優勢和劣勢

檢查點 2

藉由這些模型抽調和解釋相關事實，為制訂策略提供方向。

市場區隔與目標市場選擇的範例

市場區隔		女性				
		十幾歲	二十幾歲	三十幾歲	四十幾歲	五十歲以上
膚質	普通肌					
	油性肌					
	乾燥肌				40幾歲乾燥肌	
	混合肌（油性乾燥肌）					

↓

市場選擇

檢查點 3

藉由市場區隔和選擇目標市場，看出能活用企業自身優勢的市場，重新研討資源分散的程度，進而「集中和選擇」。

將模型活用在行銷上

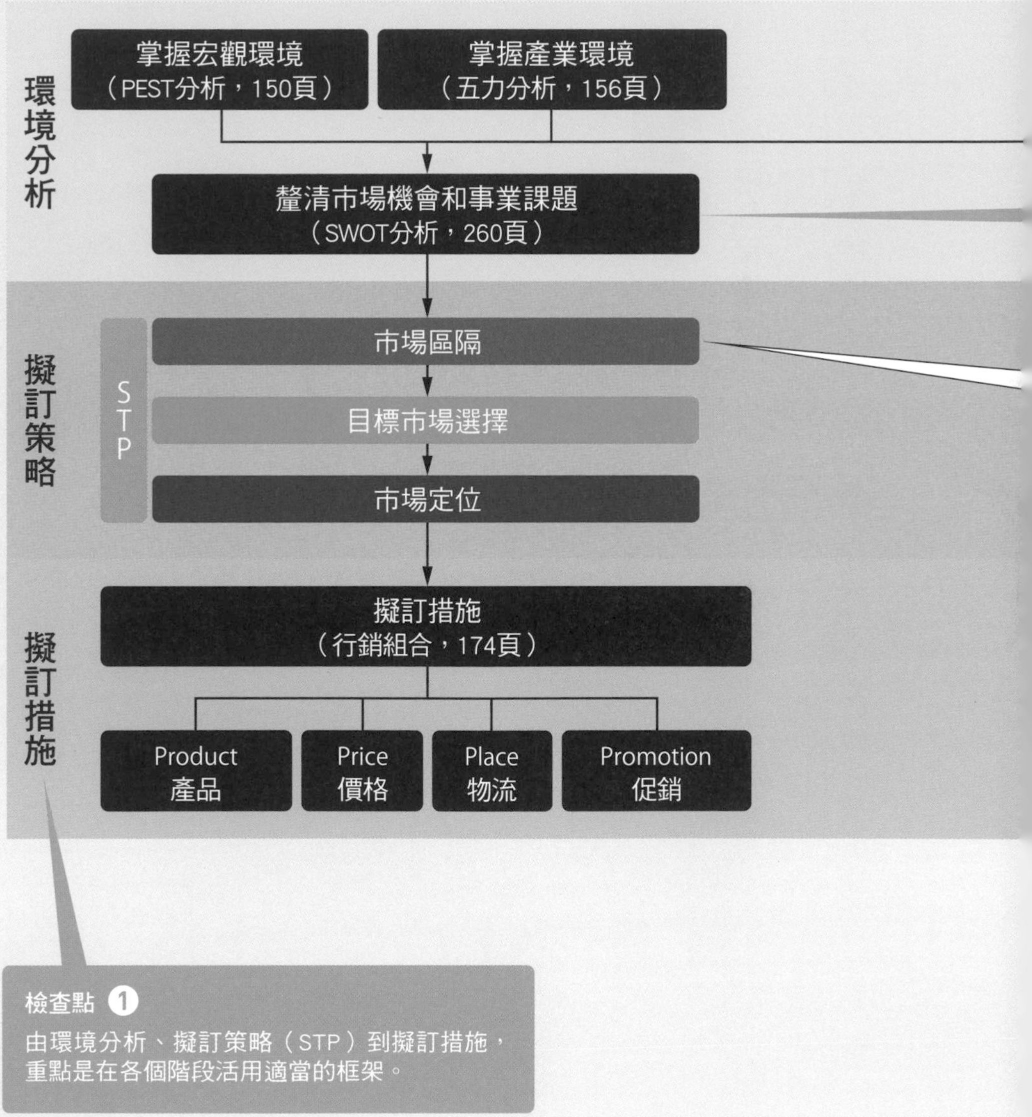
環境分析
掌握宏觀環境
（PEST分析，150頁）
掌握產業環境
（五力分析，156頁）
釐清市場機會和事業課題
（SWOT分析，260頁）
擬訂策略
STP
市場區隔
目標市場選擇
市場定位
擬訂措施
擬訂措施
（行銷組合，174頁）
Product
產品
Price
價格
Place
物流
Promotion
促銷

檢查點 1

由環境分析、擬訂策略（STP）到擬訂措施，重點是在各個階段活用適當的框架。

制訂銷售策略2

行銷組合：從企業和消費者的觀點下策略

運用範例

該建立什麼機制，讓商品確實送到顧客的手上？

使用法

從4P（按：即產品、價格、物流及促銷）來研究企業的商品和服務會吸引顧客的地方，進而擬訂策略（見下頁圖）。

這是怎樣的模型？

結合數種工具套用在策略上

行銷組合是要因應企業提供的商品和服務，結合好幾個模型，套用在廣告宣傳、業

運用步驟

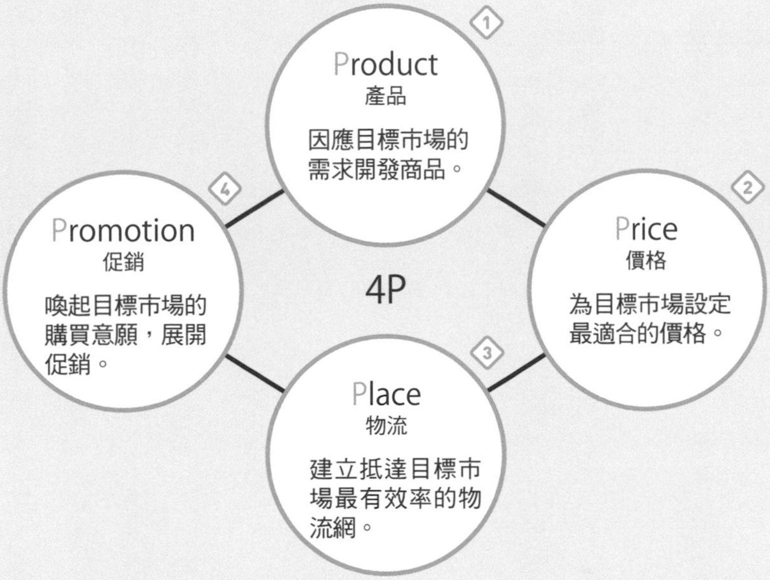

1. **衡量產品（服務）。**
   衡量品質、功能、設計、商品名、產品保證、包裝及其他相關策略。也要分析其他公司的商品和服務。

2. **衡量價格。**
   衡量販賣價格、批發價、支付條件、折扣率、支付期限、契約期間及其他相關事宜。此外，還要分析整體產業和其他公司的行情價。

3. **衡量物流。**
   衡量銷售通路、物流區域、品項是否齊全、零售業型態、販賣地點、存貨及其他相關事宜。

4. **衡量促銷。**
   衡量宣傳活動、促銷活動、廣告、媒體報導、店員推銷、提供樣品、建立社群及其他相關事宜。

務促銷及其他相關策略上。

其中具代表性的模型，就是４Ｐ：產品、價格、物流及促銷。從這四個觀點探討企業自身的產品和服務，是否吸引顧客，斟酌策略。

這時需要留意４Ｐ之間是否矛盾，平衡是否恰當，是否產生加成作用，以及４Ｐ之間是否有其他整合性的問題。

怎麼運用？

關鍵在於鎖定目標

雖然４Ｐ都是賣方（企業）的觀點，不過隨著行銷理論的進步，對於買方（消費者）的觀點也有所改觀，於是就產生「４Ｃ」：

1. 顧客價值（Consumer Value）：顧客藉由購買商品或者是服務所能獲得的價值和好處。
2. 顧客成本（Consumer Cost）：顧客購買商品或服務所要負擔的費用，以及能節省的費用和時間。

3. 顧客便利性（Convenience）：購買的容易程度和服務是否方便等。

4. 與顧客溝通（Communication）：是否能夠圓滿取得雙向溝通。

4P和4C對應到各式各樣的要素，合併使用即可提升功效（範例見下頁、一七九頁）。所以關鍵就在於選定目標。鎖定要提供什麼價值給誰的目標之後，行銷就會既有效率又有效果。

練習題

試從4P和4C分析開拓瓶裝咖啡市場的「CRAFT BOSS」暢銷熱賣的理由。

站在顧客觀點的問句範例

- 能提供前所未有的新價值嗎？
- 能減少顧客無意義的浪費嗎？
- 能令顧客感動嗎？
- 能提供比其他方式更優秀的解決辦法嗎？

- 能訂出合理的價格嗎？
- 能刪減以往認為需要的費用嗎？
- 能刪減和壓縮成本嗎？
- 能將付費的東西改成免費嗎？

- 能縮短時間嗎？
- 能不費工夫嗎？
- 即使在自己家裡也可以用嗎？
- 可以不排隊嗎？
- 有24小時線上服務嗎？

- 應對方式能讓顧客滿意嗎？
- 能藉由部落格和社群網站，提供更多內容和服務嗎？
- 顧客之間能交換資訊嗎？

檢查點 2

只憑企業的邏輯，開創不出優秀的商品和服務。衡量企業觀點的4P之前，應該要先思考顧客觀點的4C。

不只站在企業的觀點，也要從顧客的角度來思考

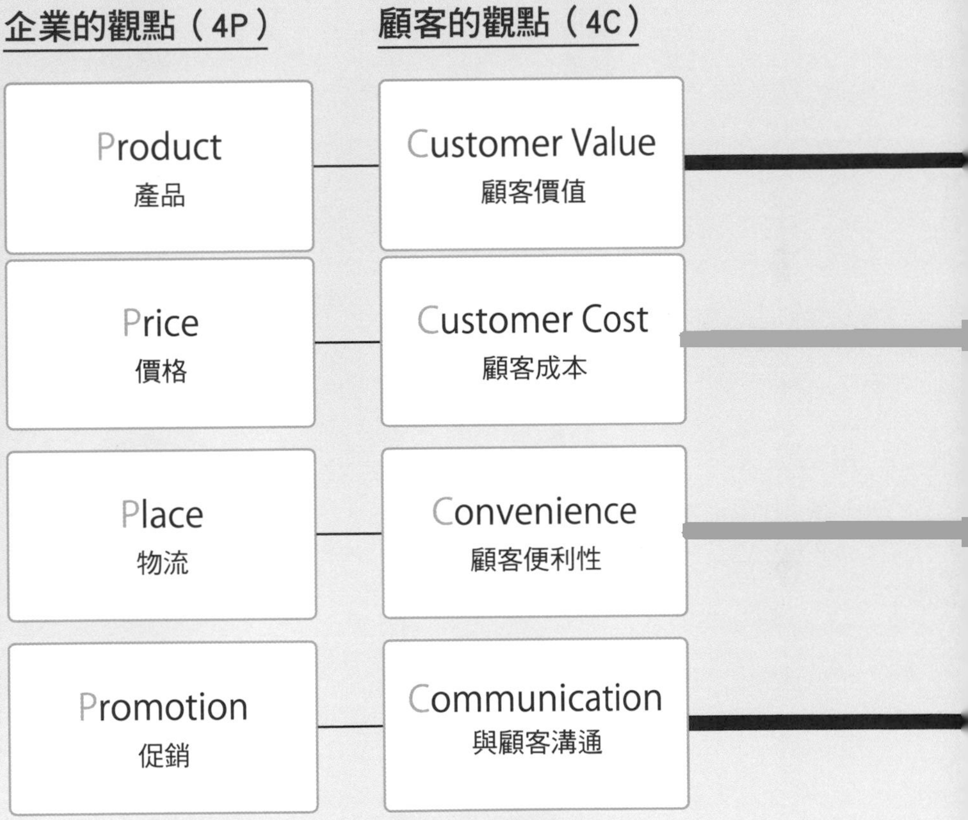
企業的觀點（4P）
顧客的觀點（4C）
Product
產品
Customer Value
顧客價值
Price
價格
Customer Cost
顧客成本
Place
物流
Convenience
顧客便利性
Promotion
促銷
Communication
與顧客溝通

檢查點 ❶

近年由於IT化等因素，導致促銷手法產生特別大的變化。請一定要了解藉由分析大數據來選擇目標市場和行銷等主要趨勢。

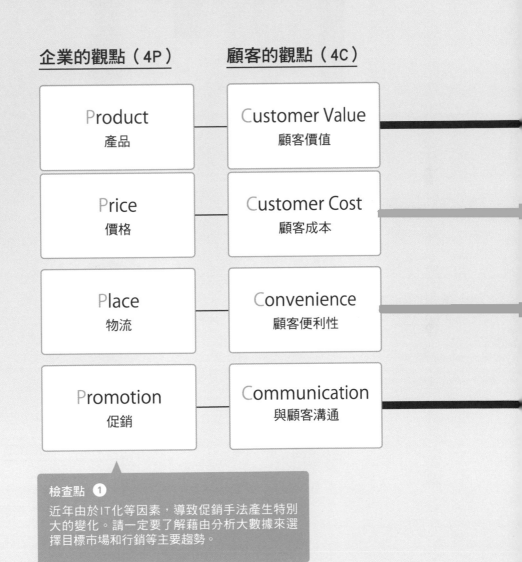

制訂銷售策略3

人物誌：設定虛擬顧客

運用範例

我想開發新甜點，但不知道該怎麼選擇目標市場。

使用法

設定虛擬顧客（人物角色，如下頁圖）作為商品和服務的主要目標，再開發出讓人物角色滿意的商品和促銷活動。

這是怎樣的模型？

匯集需求設定虛擬顧客

詳細的設定中也包含質性資料，像是年齡、性別、居住地、職業、興趣、家庭結構

運用步驟

姓名	山田裕子
性別	女性
年齡	○○歲
家庭結構	丈夫、一個讀小學三年級的女兒、一個念小學一年級的兒子
居住地	東京都○○區
行業	服飾業
職稱	店長
收入	年收入○○○萬日圓
儲蓄	○○○萬日圓
學歷	○○大學○○學系畢業
興趣	瑜伽、閱讀
使用的社群網站	Instagram
度過假日的方式	購物、陪孩子學習
常關注的媒體	「○○○○」、「××××」
搜尋用的關鍵字	時尚、簡單食譜
生活模式	六點起床，通勤時間搭電車 30 分鐘，晚上六點半左右回家。
挑戰	為了接待日益增加的外國顧客，而學習英文。
煩惱	對現在的職業沒有不滿，卻因工作忙碌，沒什麼自己的時間。希望能有更多時間陪伴丈夫和孩子。

1. **蒐集目標客層的資訊。**
蒐集目標客層的相關資訊和資料。要因應需求進行採訪或問卷調查。

2. **分類資訊。**
從蒐集到的資訊當中，寫出目標客層特有的想法和生活方式，再編組和整理關聯性高的資訊。

3. **套進人物角色當中。**
添加目標客層的屬性資訊、生活方式和其他資訊，進而塑造出更清晰的人物形象。

4. **驗證和修正人物角色。**
檢查人物形象是否適當，假如有需要就加以修正。

及生活方式等。

人物誌的知名成功案例，當推日本連鎖湯品店 Soup Stock Tokyo 的秋野露。秋野露「住在東京」，屬於「獨身或雙薪家庭，經濟寬裕」，是個「在都會中心賣力工作的職業婦女」。她「善於交際」，「追求簡單、有品味的事物」。

該公司設計出能讓她滿意的商品和行銷策略之後，短短十年就急速成長為銷售額四十二億日圓的企業（秋野露及其他成功的人物誌案例見下頁、一八四頁）。

塑造人物形象時，要施行問卷或面對面調查，向實際購買或可能購買目標市場商品的消費者蒐集其需求，再根據這項資料設定詳細的特徵。

怎麼運用？

在公司內部共同分享內容，輕鬆建立假設

人物誌的優點在於明確鎖定目標，容易建立假設。再者，目標市場的人物形象可以在公司內部或團隊內部分享，讓策略不致於走偏。

另一方面，人物誌往往會陷入一個窘境，那就是塑造的人物形象異於實際需求。這

人物角色的成功案例

Soup Stock Tokyo

人物形象　　姓名 秋野露　　年齡 37 歲

主要特徵

- 在都會中心工作的職業婦女。
- 獨身或雙薪家庭，經濟寬裕。
- 追求簡單、有品味的事物，且有所堅持。
- 善於交際，也很珍惜自己的時間，想好好的享受人生。
- 比起鵝肝醬，更愛吃鵝肝。
- 游泳時，游自由式而不是蛙式。

→ 設計出來的菜單、安排的場所及氣氛，要讓秋野露感到滿足。產品價格設定偏高，要在商圈或車站附近展店。

創業十年，銷售額為42億日圓，擁有52家店面。

檢查點 1
只要事先詳細設定人物，就可以釐清該怎麼行動，主動拿出正確的對策。

朝日啤酒「Asahi COOL DRAFT」

人物形象　　年齡 44 歲　　性別 男性

主要特徵

- 自營業者。
- 年收入 900 萬日圓。
- 家人有小一歲的妻子、16 歲的長男及 13 歲的長女，屬於四人家庭。
- 住在東京都。

→ 建立四十幾歲（左）和三十幾歲的人物角色共兩個。結果就衍生出以冰涼發泡酒為形象的商品名和包裝。

從發售三個月以來賣出大約300萬箱（一箱大約20瓶）的超級熱門商品。

MEN'S TBC

人物形象

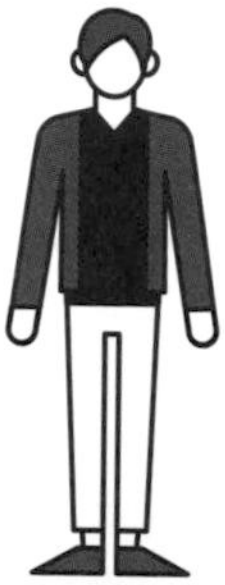

年齡 20 歲　　性別 男性

主要特徵

- 就讀東京都的 A 學院大學。
- 住在世田谷區三軒茶屋的套房公寓。
- 晚上會在位於麻布的酒吧打工。
- 做頭髮護理和身體護理時，不只會在意價格，也會堅持原料和品質。

針對男性的美容行銷，先以他們頻繁光顧的便利商店為中心販賣化妝品，提升知名度。

知名度高，美容詢問度增加3～4成。

卡樂比「加卡比薯條」

人物形象

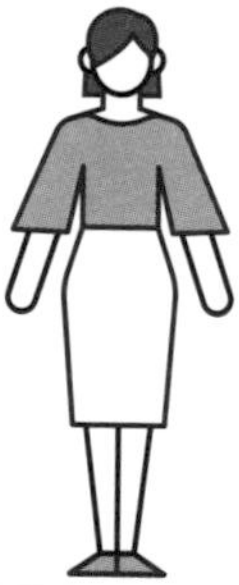

年齡 27 歲　　性別 女性

主要特徵

- 單身。
- 住在文京區（住宅區）。
- 熱衷於瑜伽和游泳。
- 不太會買零食。

時尚，對資訊敏感度高，獨自生活在都會中的女員工，將她的模樣和價值觀做成人物誌。包裝也要配合需求，使用沉穩的配色。

以為零食在二十幾歲～三十幾歲的女性之間乏人問津，卻顛覆常識，狂銷熱賣。

檢查點 2

即使許多產業沒有釐清目標客層就開發商品，也會藉由人物角色鎖定目標，締造暢銷佳績。

是因為調查不夠充分或假設不夠客觀。從防患未然的角度來看，人物誌也需要配合消費者和時代的變化定期重新審視，而不是只做一次就好。

練習題

試著根據企業握有的顧客資料，塑造人物形象，設定詳細的特徵。

制訂銷售策略4

產品生命週期：從產品的成長模式衡量行銷策略

運用範例

使用法

審視企業自身的產品和服務，位在導入期、成長期、成熟期、衰退期的哪個階段，思考從現在到將來應該採取的行動（見下頁圖）。

這是怎樣的模型？

從成長曲線判讀產品壽命

產品生命週期（product life cycle，簡稱 PLC），是分階段呈現銷售額從產品投入

運用步驟

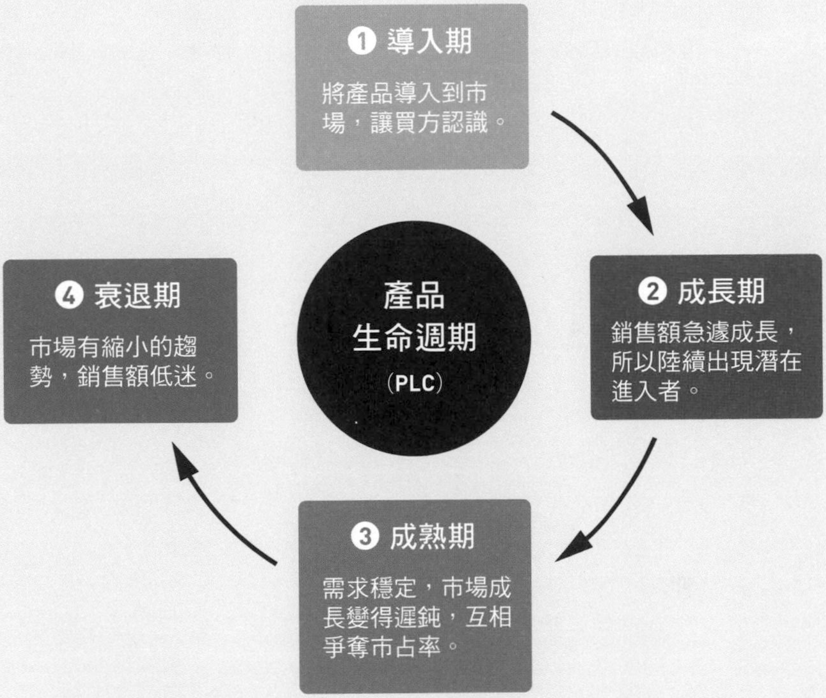

1. 審視企業自身的產品位在 PLC 的哪個階段。
   確認企業自家產品在哪個階段。
2. 審視採取的措施是否適合該階段。
   確認目前採取的措施，適不適合當下階段。
3. 設想將來的行動。
   思考幾年後應該在該市場中採取的策略，並在將來實施。

市場、成長到衰退的成長模式。一般而言，有導入期、成長期、成熟期及衰退期，銷售額呈S型發展。

一九〇頁、一九一頁圖，將說明四個階段的特徵和應當採取的行銷策略。

怎麼運用？

成長期要做到差異化，成熟期要有附加價值

導入期是將產品導入市場，讓消費者認知的階段。產品知名度低，銷售額就會少，投資所獲得的利潤也會少，所以必須藉由促銷活動，來擴展顧客的認知。

成長期是產品的優點在市場受到認可，銷售額成長的階段。同時競爭者也開始增加，需要針對競爭者打出差異化策略。

成熟期是需求輪流轉，銷售額迎向高峰。價格戰也越演越烈，所以要為產品增添附加價值，以維持市占率。

衰退期的市場規模會縮小、銷售額減少。競爭者遭到淘汰，除了產品銷售良好的企業，其他企業都被迫撤退或想辦法增添新的附加價值。

另外，PLC不能套用在所有的產品。例如，之前一直賣不掉，遇到某個契機爆紅的「晚成型」產品、持續長銷的「持續型」產品，以及反覆熱賣和衰退的「波浪型」產品。這時成長曲線會變成S型以外的形式。

PLC模型能掌握企業自身的產品處於哪個階段，有效安排最適合的行銷策略。

練習題

研究平常使用的商品和服務在PLC的哪個階段。
根據未來市場的變化制訂行銷策略。

檢查點 2

從導入期達到衰退期的時間也沒有固定。科技產業週期短暫，也有像食品那樣成熟期持續很長的產業。

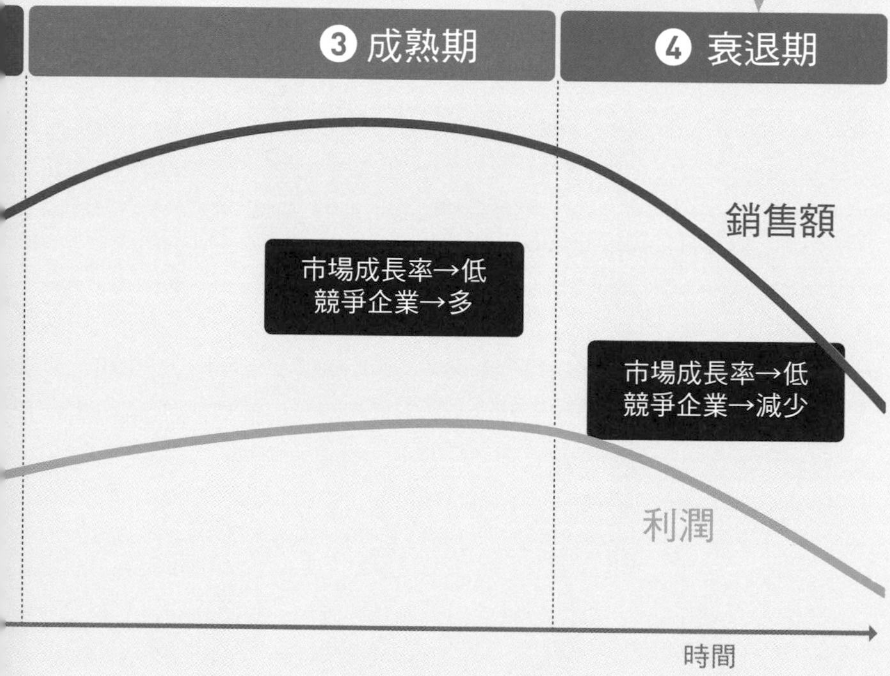
③ 成熟期
④ 衰退期
銷售額
市場成長率→低
競爭企業→多
市場成長率→低
競爭企業→減少
利潤
時間

維持市占率	確保產能
差異化	縮小
低	高
重點化	限定
實惠的方法	效果減退

PLC 與策略的關係

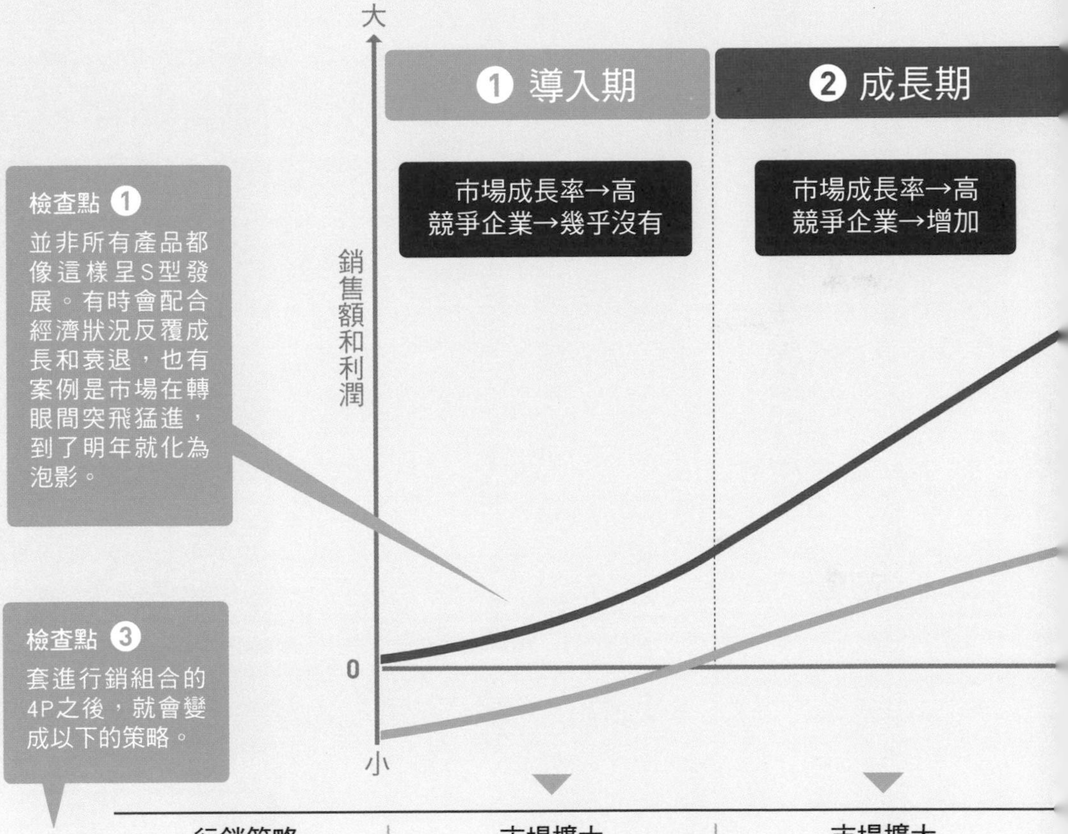
大
小
0
銷售額和利潤
① 導入期
② 成長期
市場成長率→高
競爭企業→幾乎沒有
市場成長率→高
競爭企業→增加
檢查點 ①
並非所有產品都像這樣呈S型發展。有時會配合經濟狀況反覆成長和衰退，也有案例是市場在轉眼間突飛猛進，到了明年就化為泡影。
檢查點 ③
套進行銷組合的4P之後，就會變成以下的策略。

		① 導入期	② 成長期
	行銷策略	市場擴大	市場擴大
4P	產品策略	開發	多角化
4P	價格策略	高	略低
4P	物流策略	限定	擴大
4P	促銷策略	擴大知名度	強調特色

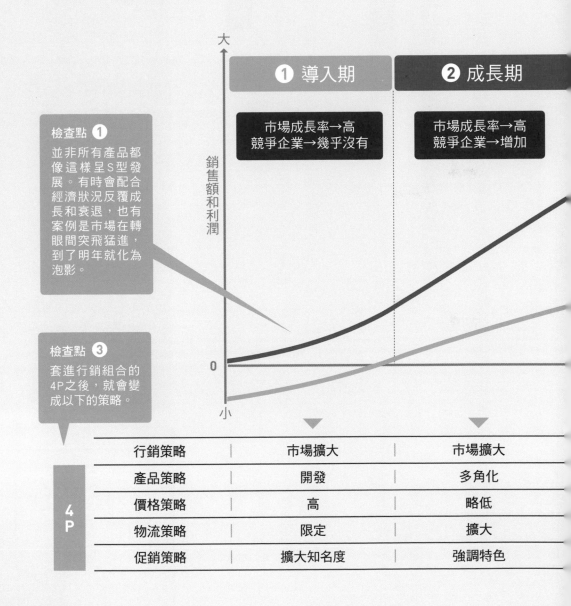

開發新顧客1

AIDMA：把買方的購買心理畫成流程圖

運用範例

怎麼促銷，才能讓顧客購買新開發的AI機器人？

使用法

消費者買下商品之前會先經歷：注意→關心→欲望→記憶→行動。要彙整上述的購物流程，要配合各個階段施展促銷方案（見下頁圖）。

這是怎樣的模型？

五道流程，解讀消費者購買商品的過程

該購買行為模型，是將消費者從知道商品到購買的心理過程建立成體系。

運用步驟

① 藉由 AIDMA 擬訂策略。

記住顧客從遇到新商品到購買的流程，擬訂促銷的策略。

② 配合各個階段施展促銷方案。

配合各個階段進行促銷方案，以確實進行 AIDMA 的下一個階段。

行為心理	購買流程	企業應對範例
Attention 注意	認識	藉由廣告和其他方式來增加曝光率，以提升知名度。
Interest 關心	了解	配合顧客需求提供資訊和資料。
Desire 欲望	好感／ 意圖行動	讓顧客藉由觀看或觸摸實物體驗商品。
Memory 記憶	評估	提供購買所需的資訊，讓顧客知道可以買什麼。
Action 行動	決策	最後推顧客一把，讓猶豫要不要買的人當機立斷。

ＡＩＤＭＡ會先將消費者的購買行為分成三段：認識階段（顧客認識商品）、感覺階段（對商品抱持關注，覺得渴望），以及行動階段（購買）。然後再將感覺階段分為三個要素，總共由以下五道流程所組成：

1. 注意（Attention）：讓消費者知道商品的階段。目標客層會透過廣告和其他管道認識商品。
2. 關心（Interest）：訴諸商品魅力，引起消費者的關注和興趣。
3. 欲望（Desire）：消費者渴望商品。
4. 記憶（Memory）：讓商品在消費者的心中留下印象。
5. 購買行動（Action）：促使實際的購買行動發生。

ＡＩＤＭＡ藉由流程了解消費者的行動，能配合消費者，階段性安排適當的行銷。關鍵在於要怎麼推波助瀾，以便將各個階段的消費者引導到下一步。

怎麼運用？

與網路時代的購買模式合併使用

雖然AIDMA是約一百年前提倡的購買模型，不過隨著網路時代到來，消費者行動有了變化，所以出現了AISAS。與AIDMA相比，AISAS加上了搜尋（Search）和分享資訊（Share）等，兩項網路購買行動的特性。下頁、一九七頁圖，為消費者在網路時代的三種購買流程。

網路時代的消費者購買行動模型不只一種，重點是找出最適合自身的商品和服務，並加以活用。

練習題

試以AIDMA設想企業自身商品的目標消費者購買流程，以及如何推導到下一步。

DECAX

由內容行銷造就的消費者行動流程。由電通數位控股公司的內藤敦之先生提倡（按：該公司於2017年更名：電通創新夥伴〔Dentsu Innovation Partners〕）。

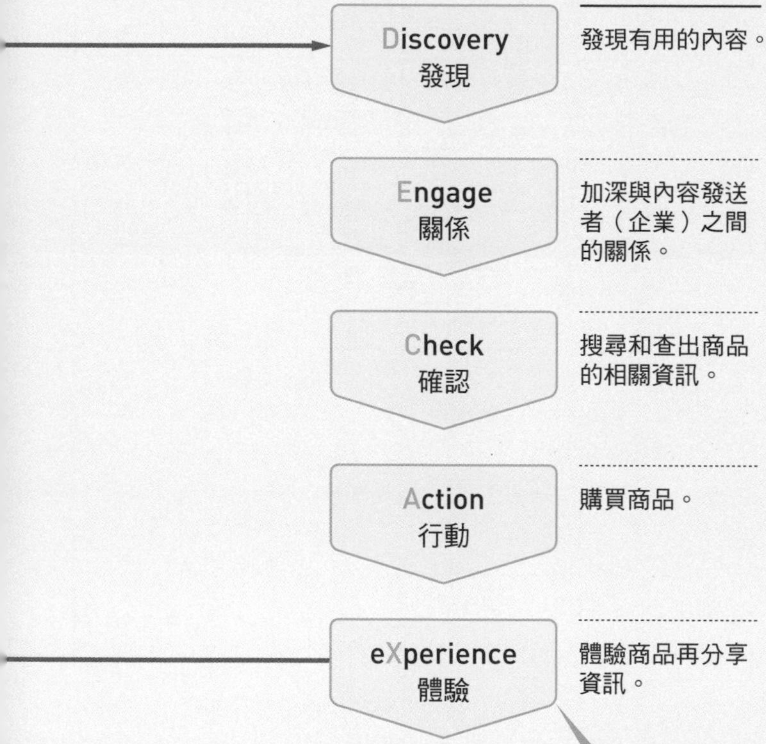
Discovery
發現
發現有用的內容。
Engage
關係
加深與內容發送者（企業）之間的關係。
Check
確認
搜尋和查出商品的相關資訊。
Action
行動
購買商品。
eXperience
體驗
體驗商品再分享資訊。

檢查點 ❷

DECAX會將以往的注意替代為發現。

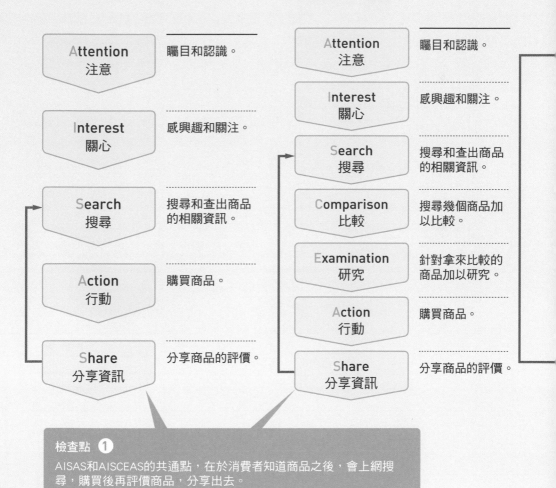

▌消費者在網路時代的三種購買流程

AISAS

網路普及之後的消費者行動流程。於1995 年由日本電通公司提出。

Attention
注意
矚目和認識。
Interest
關心
感興趣和關注。
Search
搜尋
搜尋和查出商品的相關資訊。
Action
行動
購買商品。
Share
分享資訊
分享商品的評價。

AISCEAS

受到網路上口耳相傳影響的消費者行動流程。於 2005 年由 AMVIY 公司代表董事望野和美先生提倡。

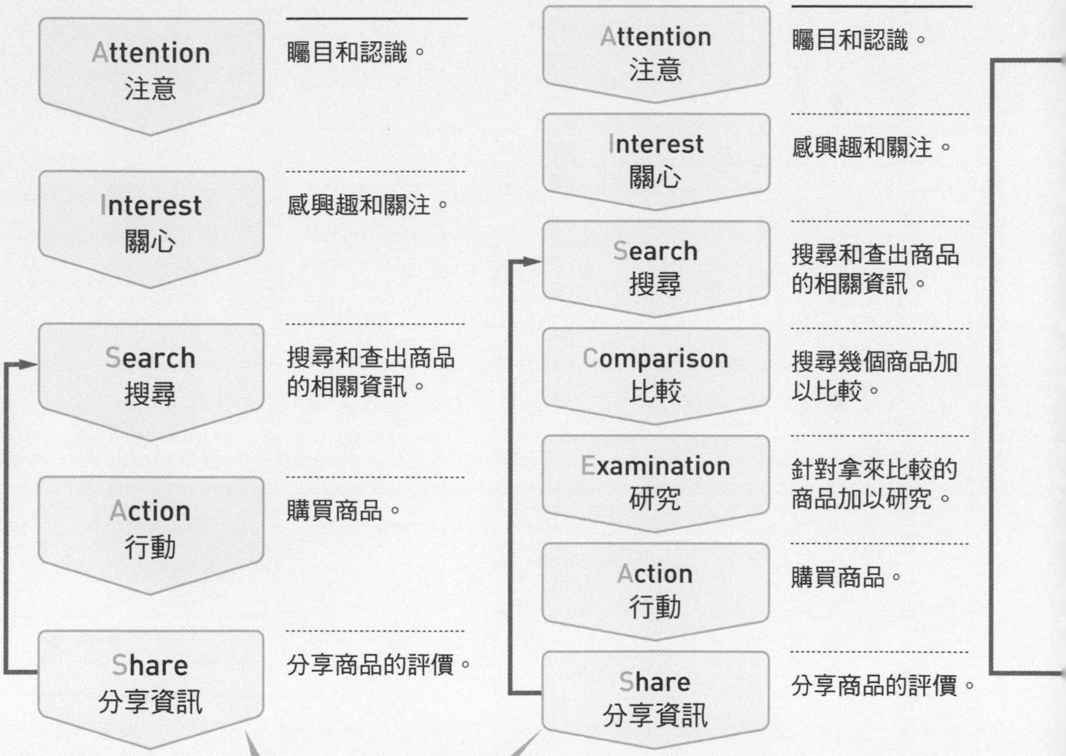
Attention
注意
矚目和認識。
Interest
關心
感興趣和關注。
Search
搜尋
搜尋和查出商品的相關資訊。
Comparison
比較
搜尋幾個商品加以比較。
Examination
研究
針對拿來比較的商品加以研究。
Action
行動
購買商品。
Share
分享資訊
分享商品的評價。

檢查點 ❶

AISAS和AISCEAS的共通點，在於消費者知道商品之後，會上網搜尋，購買後再評價商品，分享出去。

開發新顧客2

客戶體驗旅程：掌握顧客的購買行為

運用範例

如何提升企業的洋裝品牌價值和知名度？

使用法

設定人物角色之後，接著分析顧客的購買行為。依照時間序列以綜觀的方式掌握情況，彙整每道流程提供的內容和課題（見下頁圖）。

這是怎樣的模型？

依照時間序列，以看見購買流程

以旅行來比喻該模型，顧客從知道商品或服務到最後購買的過程。顧客是怎麼與商

運用步驟

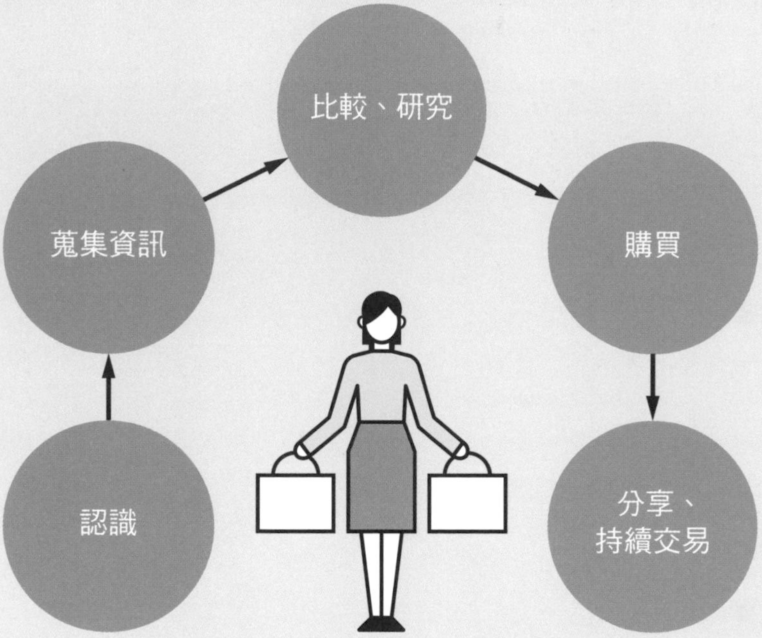

1. **設定人物角色。**
設定購買商品和服務的顧客形象（見 180 頁的人物誌）。

2. **分析假想顧客的體驗歷程。**
人物角色會認識什麼樣的商品和服務，進而購買？這段體驗歷程要一併分析階段、管道、具體的行為和想法。

3. **彙整提供的內容和課題。**
審視整段客戶體驗旅程，彙整和研究「各個流程可以提供的內容（對策）是什麼？」、「課題和改善方案是什麼？」及其他相關問題。

品有交集、認知、抱持關注到購買，這段流程要從顧客的行為、思考、感覺出發，依照時間序列，做成「客戶體驗旅程圖」（見二〇二頁、二〇三頁圖）。

繪製客戶體驗旅程圖的優點，在於能根據我方深入了解顧客，落實行銷活動。再者，也可以輕鬆建立公司內部和團隊的共識，順利研討對策和執行。

繪製客戶體驗旅程圖時，必須先設定人物角色——也就是指購買商品和服務的顧客原形。從年齡、居住地、職業、生活方式到身體特徵，都要盡量明確的列出來。

怎麼運用？

藉由人物角色建立假設，將接觸點畫在圖表上

人物角色的行動要分成幾個階段。橫軸通常會放認識、蒐集資訊、比較和研究、購買，以及其他購買流程，而縱軸則會放管道、行為、想法和感覺、課題，以及措施。

其次是關於顧客的資訊，要從問卷、訪談、公司內部的顧客資訊、資料分析及其他管道蒐集。然後再將與顧客的接觸點、顧客的行為、思考、課題及措施套進圖表當中。最後再分組、整理圖表上的資訊，這麼一來就完成了。

另外，圖表要是放入太多主觀資訊和期望，有時會與實際的顧客形象相距甚遠。圖表剛開始不要改得太仔細，事後定期更新和修正就可以了。

練習題

試著設定企業自身商品和服務的人物角色，製作客戶體驗旅程圖。

比較和研究	購買	分享、持續交易
店家／電腦	店家／電腦／智慧型手機	電腦／智慧型手機
店面試穿  在各大網站上比較	透過店面和網路購買  	在社群網站上分享  在評論網站上發表
・顏色要幾種才好？ ・有沒有其他漂亮的衣服款式？ ・哪裡可以買到較便宜的衣服？	・能便宜買到衣服，真是太好了！ ・穿搭要怎麼配？ ・想要那件衣服。	・有電子報嗎？ ・會上社群網站嗎？ ・想要知道新品資訊！
・刊登各類品項口耳相傳的評價。 ・網路上的穿搭功能。	・顯示存貨剩餘數。 ・購買流程從簡。 ・我的最愛登錄功能。	・通知宣傳活動。 ・發放折扣優惠券。 ・充實電子報內容。

檢查點 ②

B2C 企業要設計客戶體驗旅程圖很容易，B2B 企業在進展到購買為止會牽涉到很多人，設計起來較困難。遇到 B2B 的情況時，不妨以中階企業級客戶和銷售額排名在前的顧客企業為樣板。

以購買洋裝為例的客戶體驗旅程圖

階段	認識	蒐集資訊
管道	雜誌／電視	電腦／智慧型手機
行為	從時尚雜誌得知  喜歡的藝人在電視上穿這件	在電子商務網站上點選  在社群網站上瀏覽評價
想法和感覺	・好想要那件衣服。 ・是哪個品牌的衣服？	・哪裡買得到？ ・評價如何？ ・適合自己嗎？
措施	・雜誌的商業合作企劃。 ・與電視連續劇的商業合作企劃。 ・透過名人來介紹最新穿搭。	・在企業網站上閱覽商品的推薦功能。 ・價格別品項一覽。

檢查點 ❶

釐清顧客從開始到終點之間的行為之後，再一邊綜觀整張圖，一邊思考措施和應該改善的要點。

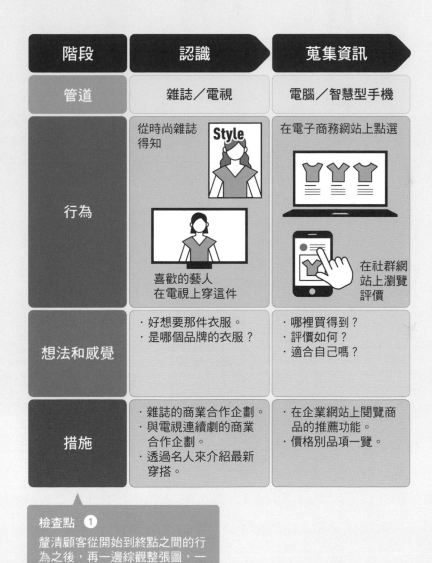

建立品牌價值1

核心能力分析：看出對手無法模仿的核心優勢

運用範例

扛起企業銷售額的A商品，哪一點優於競爭對手？

使用法

將公認勝過其他企業的優勢逐項化為數值，加以驗證（見下頁圖）。如此一來，能釐清品牌中可以成為強項的地方。

這是怎樣的模型？

客觀分析優點

塑造品牌時，不可缺少別家公司難以模仿的獨特性，透過核心能力分析，能客觀分

運用步驟

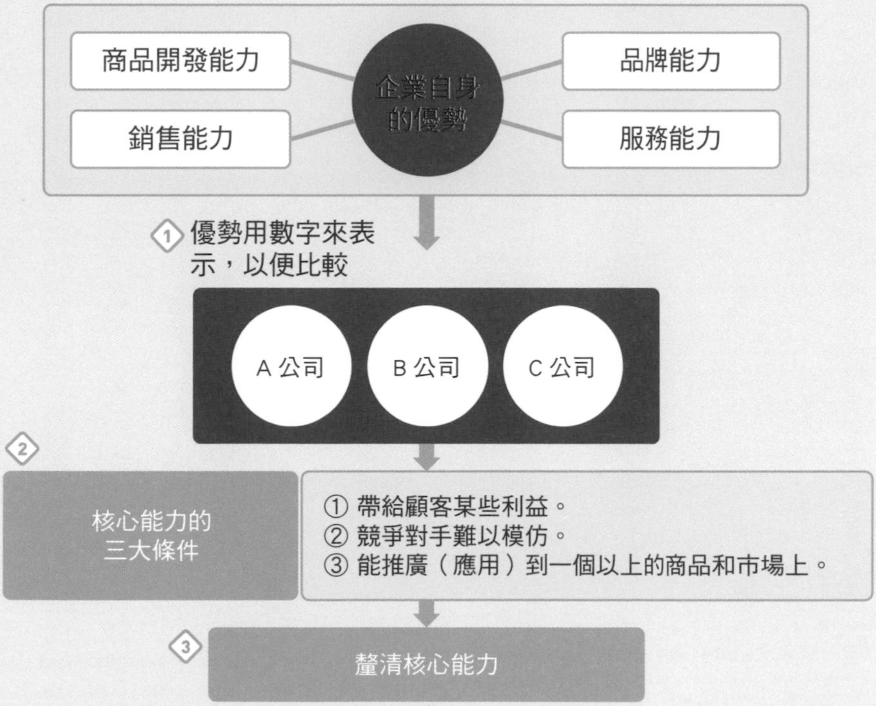

1. **清查企業自身的優勢。**
   從各種角度檢驗公認勝於其他企業的優勢，再列成清單。就如 208 頁、209 頁的表格一樣，要逐項寫成數值加以驗證。

2. **評估核心能力的條件是否滿足。**
   審視列成清單的優勢是否滿足以上三大條件。

3. **釐清核心能力。**
   鎖定核心能力後，就釐清其目標顧客、市場和顧客價值等。

析企業自身優點。

核心能力是由企業獨家的技術和知識搭配後，建構而成的競爭能力。如本田汽車的引擎技術和夏普的液晶技術。此外，組織、人才及其他技術以外的事物也會變成核心能力。提倡這個概念的蓋瑞・哈默爾（Gary Hamel）和普哈拉（C.K. Prahalad）指出，核心能力需要滿足以下三個條件：帶給顧客某些利益（提供價值）、競爭對手難以模仿（模仿可能性低），及能推廣到一個以上的商品和市場上（應用性）。

怎麼運用？

從三個條件判定企業自身的優勢

想要塑造品牌，就需要先正確看出企業自身的核心能力。所以要依照以下步驟，找出企業自身的優點：

1. 清查優勢：寫出優於其他公司的項目，製作成圖表，逐一和其他公司比較。
2. 判斷是否會成為核心能力：驗證出來的優勢是否滿足三個條件。

3. 釐清核心能力：鎖定核心能力後，要釐清目標顧客、市場及顧客價值等項目。

核心能力分析有個好處，是透過客觀的數值驗證，進而發現意料之外的其他優點（分析範例見下頁、二〇九頁圖）。

練習題

試以核心能力分析，比較星巴克、羅多倫、客美多及其他各家咖啡連鎖市場的公司。

優勢	核心能力	權重（weight）	B公司		C公司	
			評價	得分	評價	得分
商品開發能力	商品開發數	×3	40	120	60	180
	研究開發費	×2	30	60	50	100
	專利申請數	×7	60	420	70	490
銷售能力	廣告宣傳費	×6	60	360	50	300
	契約販賣店數	×4	70	280	60	240
	業務人員	×3	60	180	80	240
品牌能力	產品數	×6	40	240	50	300
	產品市占率	×7	30	210	60	420
	網路閱覽數	×4	70	280	60	240
服務能力	輔助人員	×3	40	120	30	90
	諮商窗口數	×2	30	60	60	120
	顧客滿意度	×6	60	360	40	240
總計得分			590	2690	670	2960

檢查點 ❸
「公司福利充足」和其他內在優勢並非核心能力。
無論如何，核心能力必須是「顧客眼中的優勢」。

檢查點 ❹
從這項分析可知「產品數」、「產品市占率」及「顧客滿意度」是企業的優勢。

與對手比較的核心能力分析範例

優勢	核心能力	權重（weight）	企業自身		A公司	
			評價	得分	評價	得分
商品開發能力	商品開發數	×3	50	150	30	90
	研究開發費	×2	40	80	80	160
	專利申請數	×7	30	210	40	280
銷售能力	廣告宣傳費	×6	40	240	70	420
	契約販賣店數	×4	30	120	50	200
	業務人員	×3	50	150	70	210
品牌能力	產品數	×6	70	420	60	360
	產品市占率	×7	90	630	50	350
	網路閱覽數	×4	40	160	50	200
服務能力	輔助人員	×3	40	120	60	180
	諮商窗口數	×2	50	100	70	140
	顧客滿意度	×6	70	420	50	300
總計得分			600	2800	680	2890

檢查點 ①
想要客觀知道企業自身的優勢，就要記得測量具體的技術和技能上，選擇容易數值化的項目。

檢查點 ②
也可以像這張表一樣，依測量項目的重要性設定權重。這時評分乘以權重的數值就是得分。

建立品牌價值2

品牌權益：評估和培養看不見的品牌資產

運用範例

該怎麼提升企業自身的品牌價值呢？

使用法

若覺得品牌價值無形又模糊不清時，就要評估品牌覺察、知覺品質、品牌聯想、品牌忠誠度等四個要素（見下頁圖）。

這是怎樣的模型？

從四個要素評估品牌的價值

品牌權益模型能用來評估看不見的無形資產，也就是品牌價值。

運用步驟

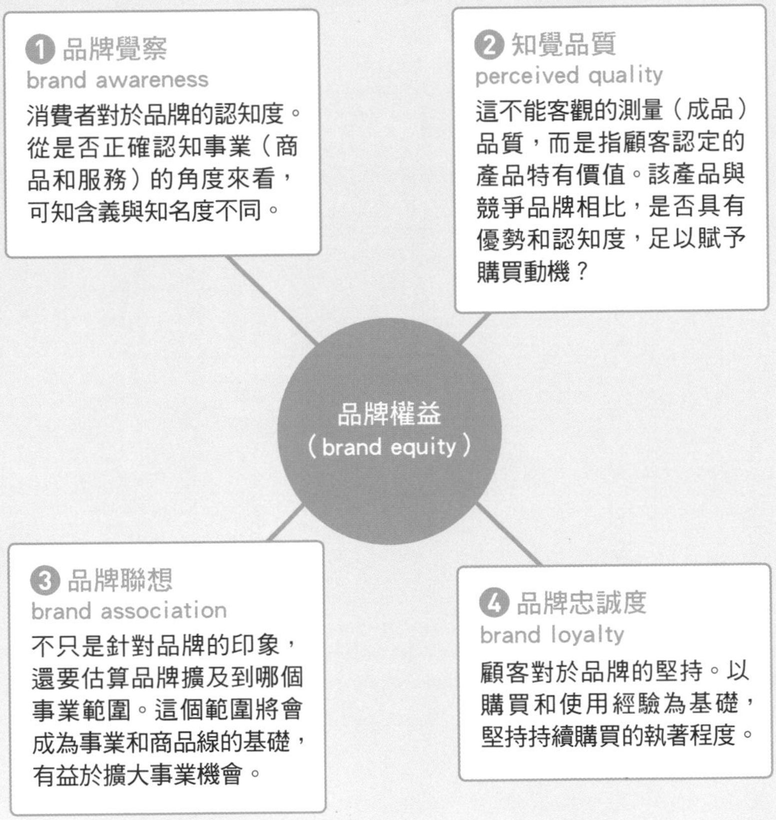
❶ 品牌覺察
brand awareness
消費者對於品牌的認知度。從是否正確認知事業（商品和服務）的角度來看，可知含義與知名度不同。
❷ 知覺品質
perceived quality
這不能客觀的測量（成品）品質，而是指顧客認定的產品特有價值。該產品與競爭品牌相比，是否具有優勢和認知度，足以賦予購買動機？
品牌權益
（brand equity）
❸ 品牌聯想
brand association
不只是針對品牌的印象，還要估算品牌擴及到哪個事業範圍。這個範圍將會成為事業和商品線的基礎，有益於擴大事業機會。
❹ 品牌忠誠度
brand loyalty
顧客對於品牌的堅持。以購買和使用經驗為基礎，堅持持續購買的執著程度。

1. **評估企業商品的品牌權益。**
將企業自身的商品和服務分別套進品牌覺察、知覺品質、品牌聯想及品牌忠誠度中，以評估品牌的價值。

2. **建立強大的品牌。**
運用品牌權益金字塔，如 215 頁，藉由行銷建立高度的品牌權益。

其定義是，與品牌形象和名稱聯繫的資產集合體，提升商品和服務價值的事物。由以下四個要素組成：

1. 品牌覺察：顧客認知的深淺。
2. 知覺品質：顧客對商品抱持的品質優勢。
3. 品牌聯想：讓人回想起設計、商標及其他品牌要素的事物。
4. 品牌忠誠度：品牌擁有的吸引力，讓粉絲眷戀不捨。

只要全面提升這些要素，品牌價值就會高漲。

怎麼運用？

延伸品牌價值的行銷方法

藉由行銷活動提升品牌權益，再為這段過程建立的體系，就是「品牌權益金字塔」，由四個階層和六個品牌建構區塊所組成（見下頁、二一五頁）。

最底邊的凸顯階段，是向顧客推廣脫穎而出的品牌認知；第二層的功效和意象階段，要在顧客心中奠定品牌的實用價值和印象；第三層的判斷和感受階段，則是顧客能懷著好感接受品牌；最後是頂點的共鳴階段，要與對品牌感同身受的顧客建立強烈的信賴關係。

像這樣按部就班建立品牌之後，就可以創造品牌權益。品牌不是自然形成，假如沒有當成需要管理的資產策略性投資，就不會培育出長期具有競爭力的企業價值。

練習題

試著將你喜歡的品牌套進品牌權益當中，衡量四個要素和位在金字塔的哪個階段。

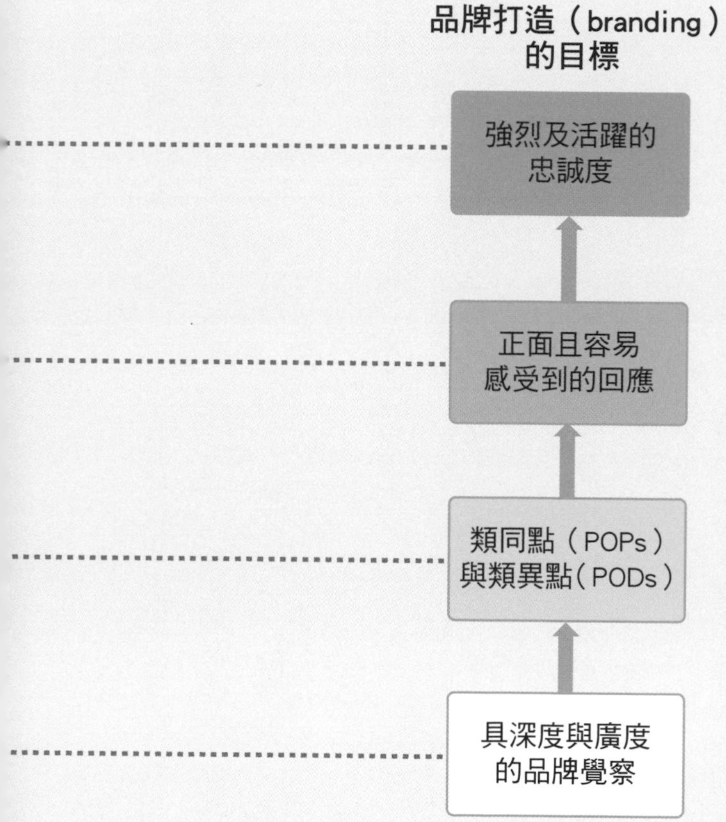
品牌打造（branding）
的目標
強烈及活躍的
忠誠度
正面且容易
感受到的回應
類同點（POPs）
與類異點（PODs）
具深度與廣度
的品牌覺察

（按：類同點，指與競爭者對品牌有相同的聯想；類異點，即與競爭者對品牌的聯想不同。）

品牌權益金字塔

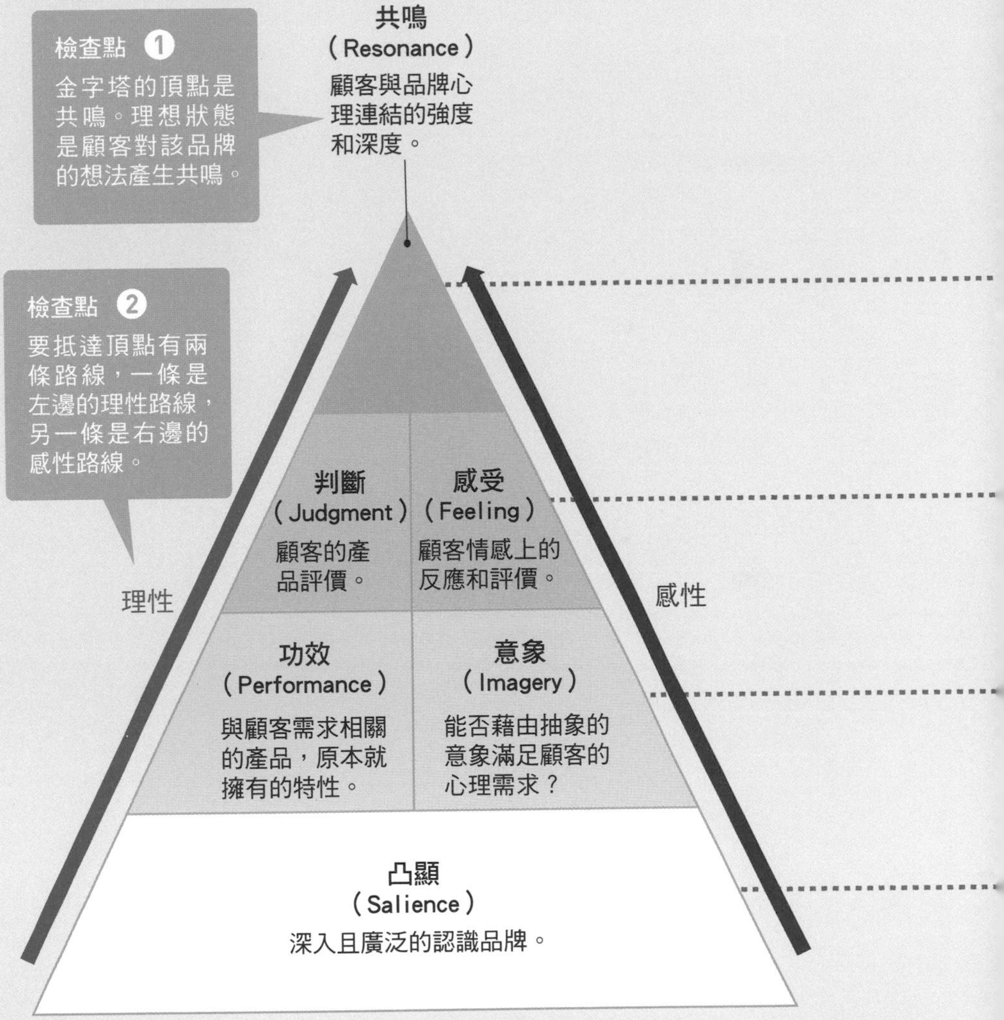
檢查點 1
金字塔的頂點是共鳴。理想狀態是顧客對該品牌的想法產生共鳴。
共鳴
（Resonance）
顧客與品牌心理連結的強度和深度。
檢查點 2
要抵達頂點有兩條路線，一條是左邊的理性路線，另一條是右邊的感性路線。
判斷
（Judgment）
顧客的產品評價。
感受
（Feeling）
顧客情感上的反應和評價。
理性
感性
功效
（Performance）
與顧客需求相關的產品，原本就擁有的特性。
意象
（Imagery）
能否藉由抽象的意象滿足顧客的心理需求？
凸顯
（Salience）
深入且廣泛的認識品牌。

出處：根據凱文·藍恩·凱勒（Kevin Lane Keller）的《策略品牌管理》（*Strategic Brand Management*）製作而成。

第五章

光碎念沒用，這些模型讓團隊自己動起來

企業的競爭力取決於能將人力、物資、金錢、資訊等優質經營資源，整合到什麼程度。我們可從組織管理、人才培訓策略到設定目標來學習，使組織和團隊表現發揮到極致。

管理組織

要讓組織發揮功能，就需要從硬體和軟體來清查課題，努力解決問題。我們要分析和管理組織所需的要素，強化管理能力。

▸ 7S 分析、馬斯洛需求五層次理論

評估人才

要實現企業的策略，就免不了要培訓人才，讓組織和團隊動起來。

要怎麼培育人才，讓他們肩負什麼樣的職責？這裡介紹的兩個模型可以作為培訓人才的方針。

▸ 卡茲模型、PM 理論

設定和達成目標

擬訂事業和業務的目標和計畫之後，就要實際付諸行動。

重點在於目標和行動都要靈活變化，逐步改善成更好的形式。要高效進行業務，就少不了評估和改善。

▸ 5W1H（6W2H）、KPI 樹狀圖、PDCA

管理組織1

7S分析：用七個經營資源，診斷和分析問題

運用範例

既然網羅了優秀的人才，為什麼業績沒有起色？

使用法

7S可以分為硬體和軟體：

- 硬體（屬於人際相關的要素）包括：策略、組織結構及公司制度。
- 軟體（屬於組織相關的要素）包含：組織文化、組織優勢、人才，以及共同價值觀。

從硬體3S和軟體4S來統整並分析企業的經營資源，改善現狀和企業策略的差距（見下頁圖）。

運用步驟

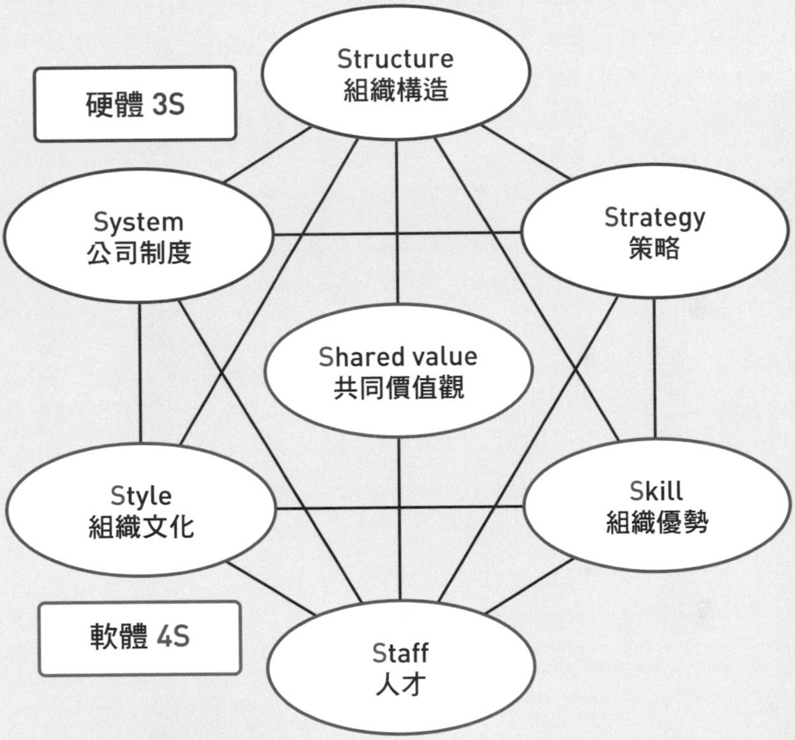

1. **以 7S 的觀點分析現狀。**
逐一分析組織結構、策略，以及其他構成 7S 的要素。

2. **釐清問題。**
7S 分析清查問題，再列舉其中必須特別改善的事情。

3. **制訂改善對策和改革方案。**
問題釐清後，要制訂改善對策和改革方案。

這是怎樣的模型？

診斷與分析組織現狀與企業策略的鴻溝

明明持續進行組織改革，業績卻沒有起色；企業策略沒有出錯，卻沒有展現成果。

上述問題的癥結在於沒能全面掌握經營資源，形成「見樹不見林」的狀態。這時就要以7S來診斷和分析組織現狀和企業策略的差距，也就是說，重新審視架構組織的七個要素之間的關係，讓組織順利運作。

怎麼運用？

關鍵在於硬體和軟體的平衡

改善人才、組織文化和其他軟體要素，會耗費時間，所以大多數人的焦點，往往會不經意的轉向系統和其他容易變更的硬體層面。

然而，要素並非各自為政，而是與組織的各種要素建立關係。是否改善硬體，要根據企業共通的價值觀、策略、組織文化，以及活用人才、適當安排人員來決定，關鍵在於與軟體層面維持平衡。

順利運作的企業，七個要素會達到均衡，相輔相成。使用7S分析之後，就可以從整體的關係中全面掌握問題，做到中長期管理，而不是單獨關注個別的問題，7S分析範例見下頁、二二三頁圖。

練習題

寫出自己公司的7S現狀和特徵，假如問題存在，就衡量改善方案。

改善方案

讓各部門的溝通變得密切，提升組織之間的合作能力。

貫徹上級的決策，擬訂明確的策略。

重新建構網路，改善內部業務效率。

強化人才培訓制度，改善工程師待遇。

開辦能學習專業技術的內部課程。

建立勇於挑戰和革新的新風氣。

實施對話和研習，共享整個公司的經營理念和目標。

檢查點 1

有些人以為改善硬體就能讓組織變好，但光改善硬體，不見得就能順利。

檢查點 2

要是沒有根本改革軟體（企業的基礎），企業改革就不可能實現。

藉由 7S 分析現狀衡量改善方案

	7S	現狀
硬體	組織構造	地盤意識強烈。
硬體	策略	事業策略的方向不明確。
硬體	公司制度	內部網路失去功能，意見溝通不夠充分。
軟體	人才	青年人才培訓，工程師人才不足。
軟體	組織優勢	專業技術不足。
軟體	組織文化	追求穩定、保守、陳腐的風氣。
軟體	共同價值觀	沒有徹底共享公司的經營理念和目標。

管理組織2

馬斯洛需求層次理論：看出部屬的需求，提升幹勁

運用範例

我該怎麼做，才能提升部屬的幹勁？

使用法

人類的需求分為五個階段，看出部屬目前位於哪個層次，並根據其需求找出對策，進而有效提升對方的幹勁（見下頁圖）。

這是怎樣的模型？

從五層次需求形成的激勵理論

美國心理學家亞伯拉罕・馬斯洛（Abraham Maslow）提出需求層次理論，如下：

運用步驟

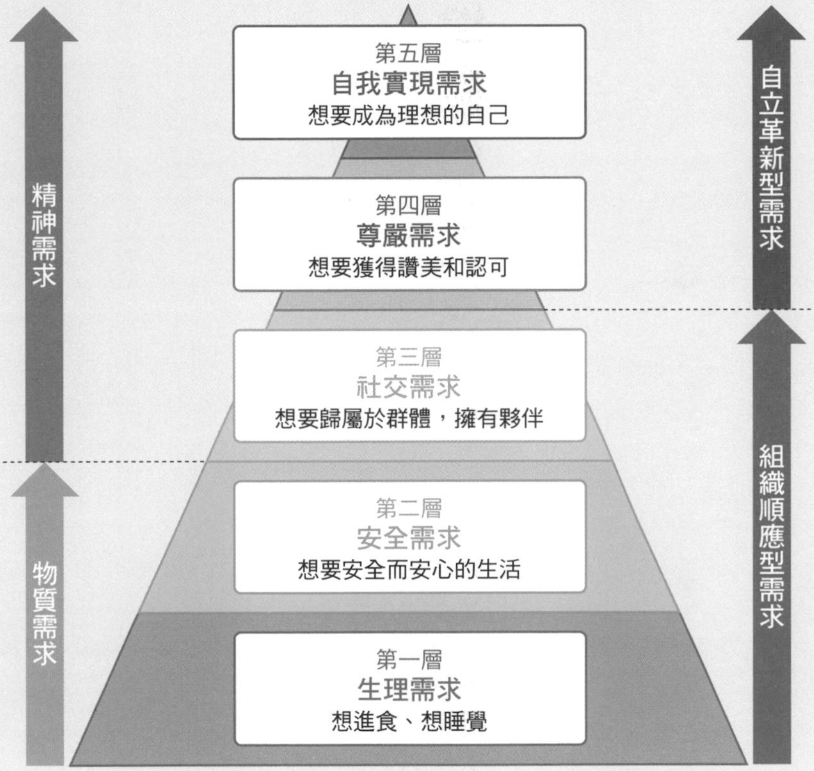

1. **觀察部屬，看出需求層次。**
   平時就要觀察部屬，看出對方位在馬斯洛需求層次理論的哪個層次。

2. **配合需求層次拿出對策。**
   配合需求層次拿出對策，進而提升部屬的需求層次。

第一層：生理需求，食慾、性慾、睡眠及其他關於生存最根本的需求。
第二層：安全需求，試圖逃離危險、恐懼和不安的需求。
第三層：社交需求，追求對集體的歸屬和愛情的需求，又稱為愛與歸屬的需求。
第四層：尊嚴需求，想要受到別人尊敬和認可的需求。
第五層：自我實現需求，想要將自己的能力和可能性發揮到極致的需求。

馬斯洛根據「人類會為了追求自我實現而不斷成長」的假設，指出人在滿足下層的需求之後，就會追求往上一層的需求。現在需求層次理論也用在管理學和行銷上，對後期的激勵理論（按：為心理學上的概念，驅使人行動的內在力量。激勵過程就是滿足需求的過程）帶來龐大的影響。

怎麼運用？

設立表彰制度，滿足自我實現需求

領導者若想提升部屬的幹勁，就要先看出每個部屬位在哪個層次，釐清現在該滿足對方什麼需求。

假如在第一至第三層次，就要改善長時間勞動的制度、整治僱用體系，以及培養資訊暢通的職場環境。到了第四層次之後，則要引進客觀、明確的人事評估和表彰制度，提振士氣。範例見下頁、二三九頁圖。

練習題

觀察自己的部屬和後輩，看出對方的需求程度位在哪個層次，再思考進展到下一個層次的途徑。

滿足需求的範例	方法範例
充滿挑戰和創意的工作。	協助自我啟發、自由工作者約聘制度。
獲得頭銜、來自同事的讚賞、因業績升職。	表彰制度、人事待遇制度、職場面談。
值得信賴的上司和同事。	內部刊物、員工旅行、懇親會、運動會。
安全的職場，身分的保障。	健康管理、終身雇用、休假制度。
維持生活所需最起碼的金錢和時間。	最低工資制度、工作與生活的平衡。

檢查點 ❷
滿足低層次的需求之後，就該採取行動滿足下一個高層次的需求。

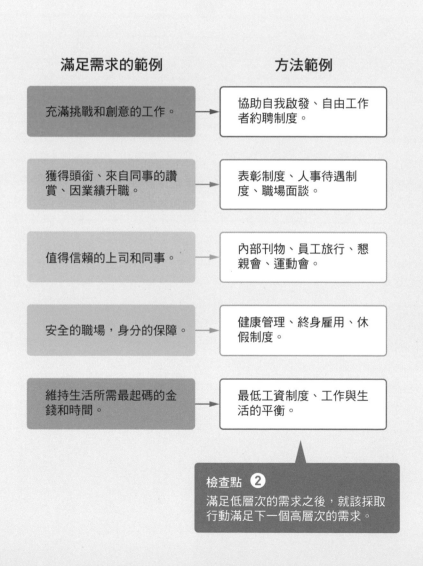

因應需求拿出對策

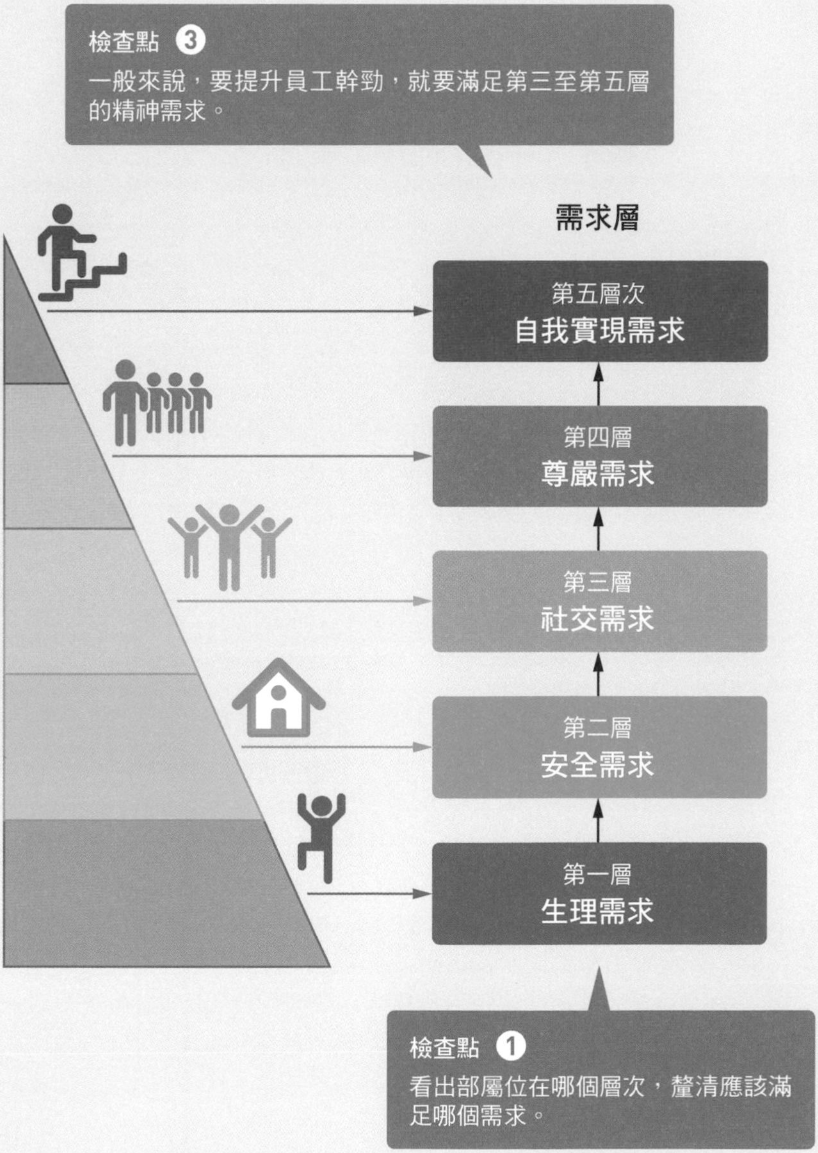
檢查點 ③
一般來說，要提升員工幹勁，就要滿足第三至第五層的精神需求。
需求層
第五層次
自我實現需求
第四層
尊嚴需求
第三層
社交需求
第二層
安全需求
第一層
生理需求
檢查點 ①
看出部屬位在哪個層次，釐清應該滿足哪個需求。

評估人才1

卡茲模型：不同階層的管理職，需要的技能也不同

運用範例

現在有了部屬，我該肩負什麼職責？

使用法

將管理人才需要的能力分成三類，套進卡茲模型當中，作為開發人才時要著重哪個技能的指南（見下頁圖）。

這是怎樣的模型？

管理職所需的三個技能

組織的管理職需要什麼樣的能力？美國管理學家羅伯特・卡茲（Robert Katz）提倡

運用步驟

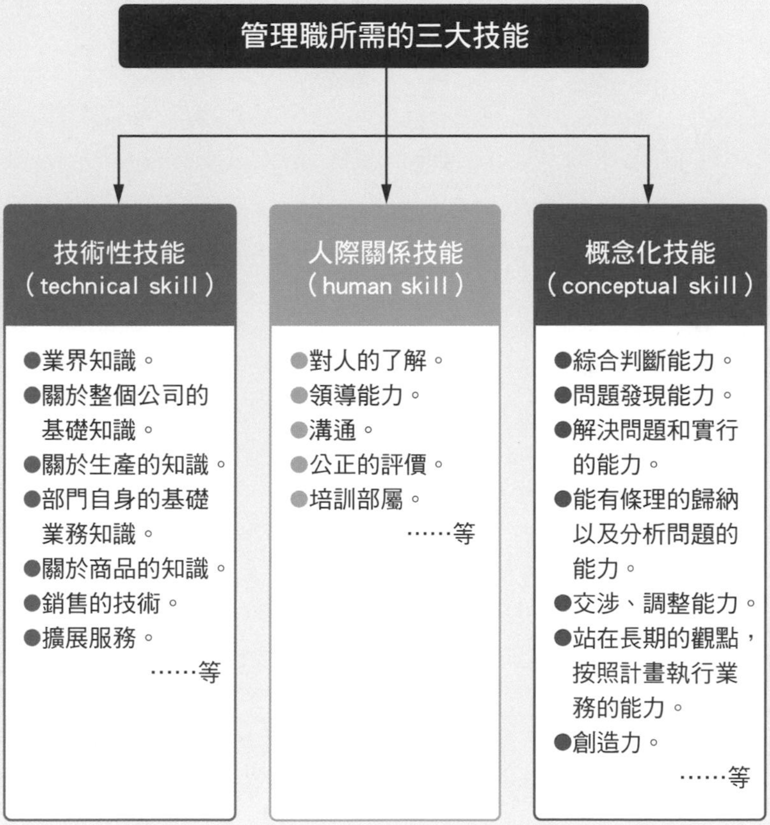
管理職所需的三大技能
技術性技能
（technical skill）
●業界知識。
●關於整個公司的基礎知識。
●關於生產的知識。
●部門自身的基礎業務知識。
●關於商品的知識。
●銷售的技術。
●擴展服務。
……等
人際關係技能
（human skill）
●對人的了解。
●領導能力。
●溝通。
●公正的評價。
●培訓部屬。
……等
概念化技能
（conceptual skill）
●綜合判斷能力。
●問題發現能力。
●解決問題和實行的能力。
●能有條理的歸納以及分析問題的能力。
●交涉、調整能力。
●站在長期的觀點，按照計畫執行業務的能力。
●創造力。
……等

1. **以卡茲模型的三大技能評估。**
核對卡茲模型的三大技能，評估人才具備或不具備什麼能力。

2. **根據卡茲模型設定培訓方針。**
檢視 233 頁圖的卡茲模型，同時研究開發人才時要著重哪個技能。

3. **實施具體措施促進技能成長。**
配合想要成長的技能，實施人才培訓。

卡茲模型，將管理職所需的技能歸納起來，分別為：技術性技能、人際關係技能及概念化技能。

技術性技能，是將工作妥善做好的業務執行能力；人際關係技能，指圓滑處理工作上的人際關係、行為舉止保持適當的能力；概念化技能，則指的則是概念化能力，要有系統的掌握複雜的狀況，看出應該處理的課題本質。

怎麼運用？

關鍵技能會依職等而變化

卡茲模型將管理職分為高階主管、中階主管和基層主管這三個層級，關鍵技能和各個技能的平衡會依主管層級而異。

就如左圖所示，主管層級低時，技術性技能會變得很重要。隨著職等上升，概念化技能的重要性就會增加。由此可知，與其在人才教育上要求新任管理人員學習概念化技能，不如努力設計課程以培養技術性技能。另外，人際關係技能無論在哪個主管層級都很重要。

卡茲模型顯示的管理職所需技能比重

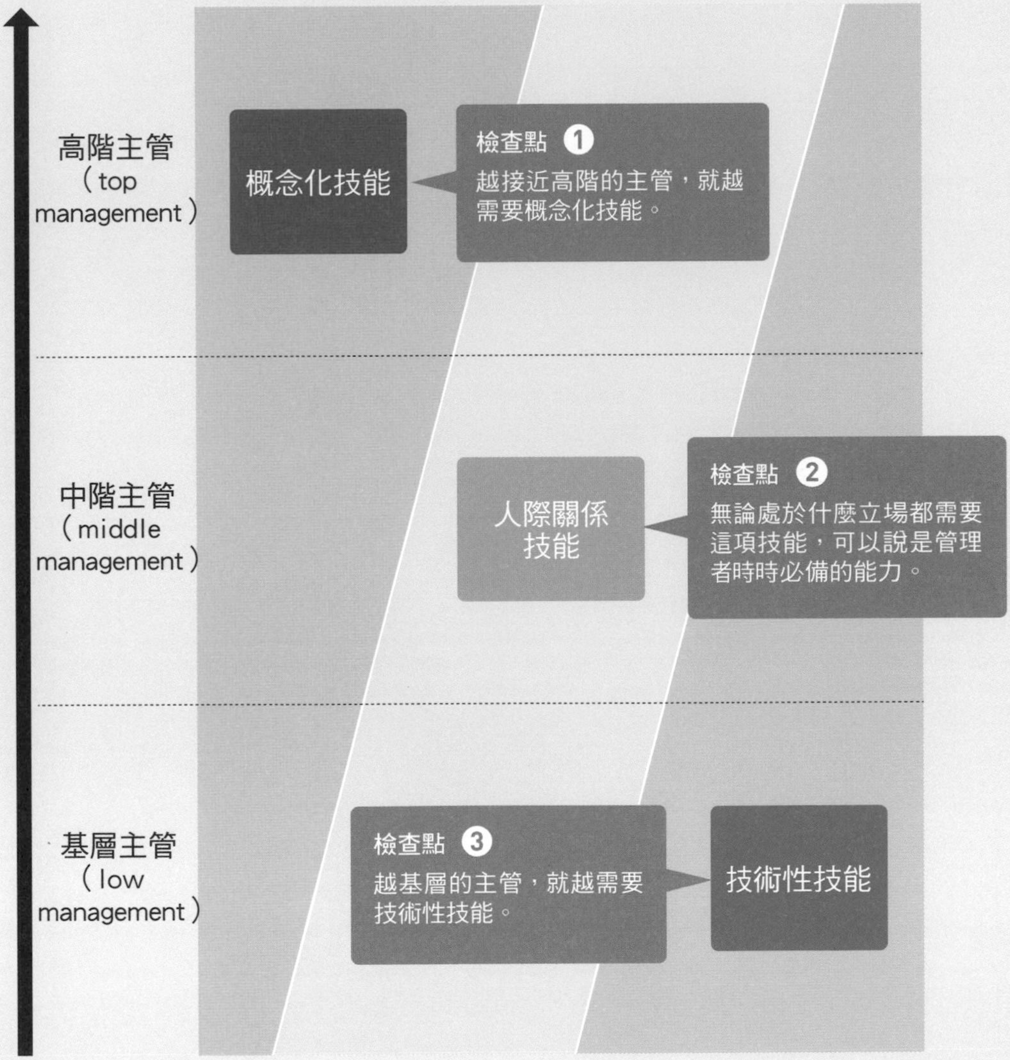
高階主管
（top management）
中階主管
（middle management）
基層主管
（low management）
概念化技能
檢查點 1
越接近高階的主管，就越需要概念化技能。
人際關係技能
檢查點 2
無論處於什麼立場都需要這項技能，可以說是管理者時時必備的能力。
檢查點 3
越基層的主管，就越需要技術性技能。
技術性技能

卡茲模型會成為開發人才的方針，配合不同的主管層級，指出重點要放在哪一個技能上。

練習題

觀察身邊的管理職，評估他們的三大技能，再將管理職的職等和三大技能的平衡與卡茲模型比較。

評估人才2

PM理論：從兩個能力分析領導者的特徵

運用範例

我該怎麼培訓部屬，才能讓團隊變好？

使用法

從達成目標功能和凝聚團隊功能等兩軸，來分析領導者的特徵（見下頁圖）。審視部屬和組織成員擅長和不擅長的地方，幫助他們成為更好的領導者。

這是怎樣的模型？

將領導能力分為四類

PM理論由達成目標功能和凝聚團隊功能等兩軸，來評估領導者所需的能力。該理

運用步驟

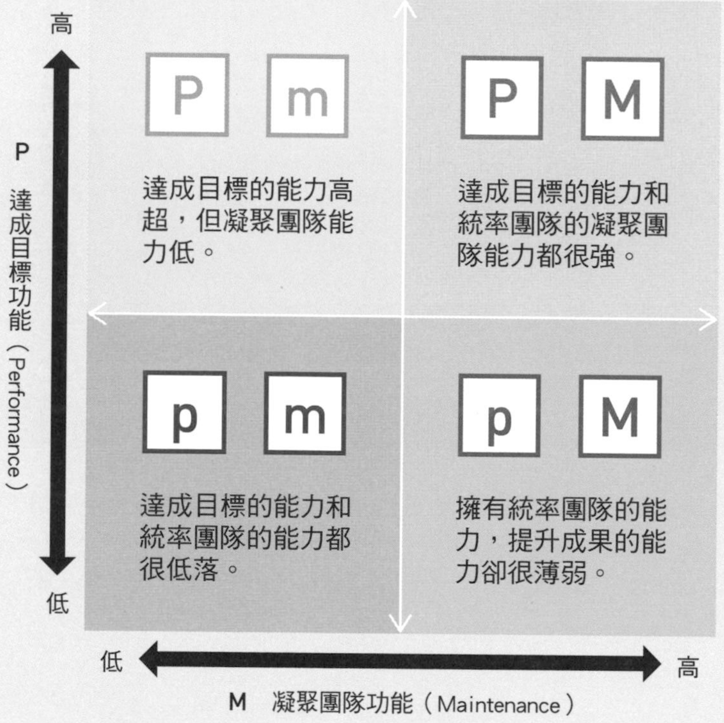

高
P 達成目標功能（Performance）
低
P
m
達成目標的能力高超，但凝聚團隊能力低。
P
M
達成目標的能力和統率團隊的凝聚團隊能力都很強。
p
m
達成目標的能力和統率團隊的能力都很低落。
p
M
擁有統率團隊的能力，提升成果的能力卻很薄弱。
低
高
M 凝聚團隊功能（Maintenance）

1. **將組織成員的情況畫成圖表。**
將組織成員配置在 PM 理論的矩陣中。配置時，要以多元化的角度放好幾個人進去，而不是只放一個人。

2. **衡量組織成員的培訓方針。**
配置好成員後，要研究該怎麼培養各個成員的領導能力。

3. **提升組織的水準。**
將成員的 p 變成 P，m 變成 M，進而提升整個組織的水準。

論由日本社會心理學家三隅二不二於一九六六年提出。

P功能是為了讓組織達成目標、提升產能，以解決課題；M功能指的則是凝聚團隊，要強化組織內的信賴關係，同時統率團隊。PM理論根據P和M的能力強弱，將領導能力分成下列四種：

PM型：達成目標能力及維持、強化組織的能力都很優秀，是理想的領導形式。
Pm型：達成目標的能力很優秀，維持及強化組織的能力卻很弱。
pM型：維持及強化組織的能力很優秀，達成目標的能力卻很弱。
pm型：達成目標的能力和維持及強化組織的能力都很弱。

怎麼運用？

改善弱項，培訓出理想的領導者

藉由PM理論認知到組織成員擅長或不擅長哪些事情，並針對此部分加強，以成為更好的領導者，如下頁圖。

運用 PM 理論為團隊成員製作圖表，擬訂培訓目標

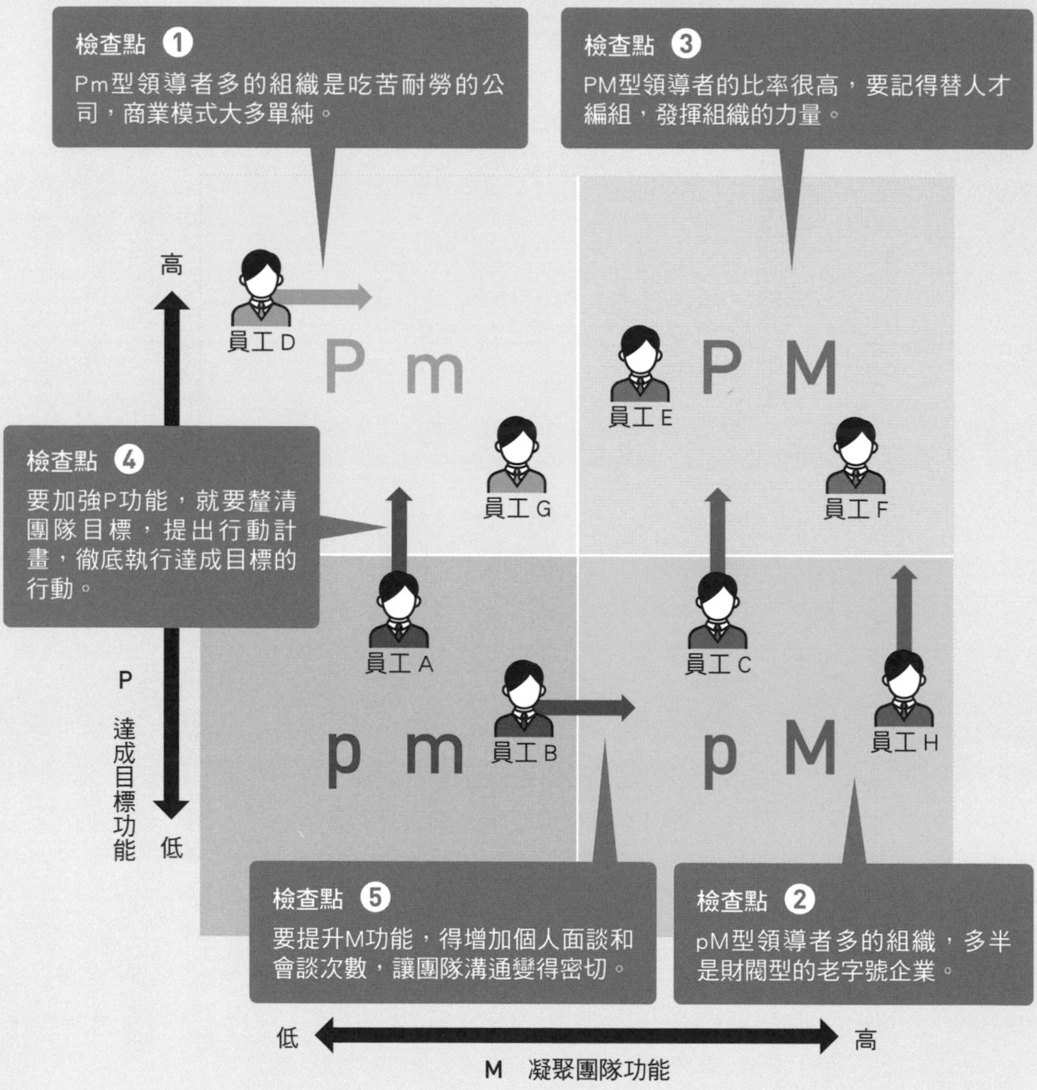
檢查點 1
Pm型領導者多的組織是吃苦耐勞的公司，商業模式大多單純。
檢查點 3
PM型領導者的比率很高，要記得替人才編組，發揮組織的力量。
高
員工D
Pm
員工E
PM
檢查點 4
要加強P功能，就要釐清團隊目標，提出行動計畫，徹底執行達成目標的行動。
員工G
員工F
員工A
員工C
P 達成目標功能
員工B
pm
pM
員工H
低
檢查點 5
要提升M功能，得增加個人面談和會談次數，讓團隊溝通變得密切。
檢查點 2
pM型領導者多的組織，多半是財閥型的老字號企業。
低
高
M 凝聚團隊功能

想要加強P功能，就要釐清團隊目標，再提出行動計畫，徹底執行達成目標的行動，才會有效；若要加強M功能，則要增加個別面談和會談，讓團隊內的溝通變得密切。領導者的重責大任就是整頓環境，並促進成員共享資訊，建立信賴關係。另外，安排強力的副手彌補領導者不擅長的部分，也是有效的方法。

練習題

將幹部和儲備幹部人才劃分為PM理論的四個類型，再依照類型衡量對策，改掉員工的弱項。

設定和達成目標1

5W1H（6W2H）：釐清目的和方法的基本模型

運用範例

我不曉得自己創業想達成的目標是什麼。

使用法

衡量目標和方法時要記得利用五個W和一個H，這麼一來才能高效思考。此外，衍生出來的6W2H也要事先學起來（見下頁圖）。

這是怎樣的模型？

釐清目的和方法，防止遺漏和浪費

我們在學生時期學到的5W1H，其實在商務中，也是基本又好用的萬能模型。

運用步驟

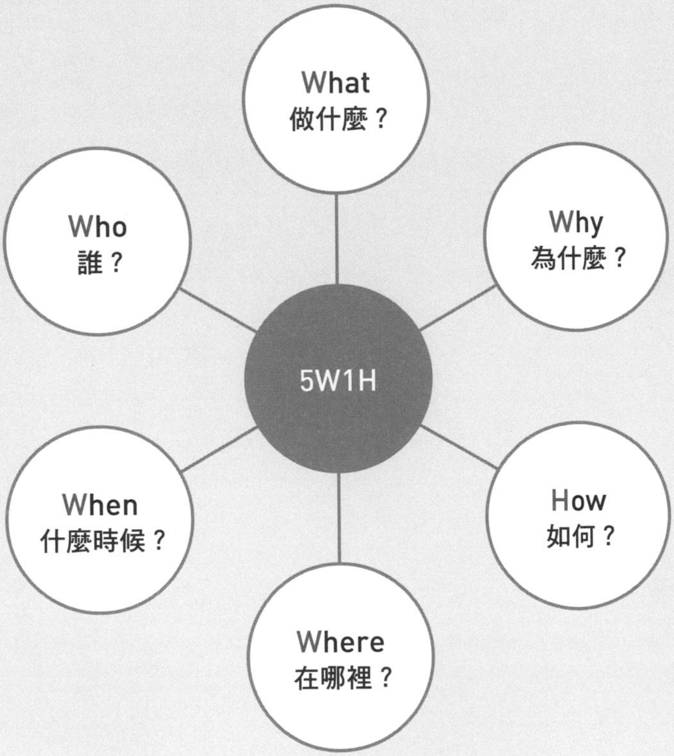

1. **以 5W1H 的格式寫出目標。**
以 5W1H 的格式寫出目標、課題及想要告訴對方的事情，釐清該怎麼做，其中尤以「為什麼」和「如何」特別重要。

2. **配合用途加上 Whom 和 How much。**
還有個變種是將5W1H 加上對誰（Whom）和費用多少（How much）的 6W2H。想要具體釐清目標市場、預算、成本和其他事宜時，不妨也加上這些要素。

5W1H是指：誰（Who）、做什麼（What）、什麼時候（When）、哪裡（Where）、為什麼（Why）及如何（How）。

要在商務情境中衡量5W1H時，Why和How是關鍵。首先要釐清為什麼（包括為了什麼、以什麼理由等），然後思考如何做（用什麼方法做）。只要釐清原因和方法，方向就不會走偏，除此之外的要素也容易決定。

只要認識5W1H，就能減少遺漏或浪費資訊，而工作能幹的人正是因為時時留意5W1H，才能高效思考。

怎麼運用？

追加要素，防止策略走偏

6W2H是由5W1H發展出來的模型。這是將前述的5W1H加上對誰（Whom）和費用多少（How much）。

藉由思考目標客戶或市場等是誰，就能釐清目標，避免策略走偏。費用多少，則能有效且具體的呈現預算、成本、利潤，以及其他在商務當中重要的數字。

5W1H和6W2H不只可以設定目標，也能用在行銷、解決課題及其他各種情境上，是通用性高的模型。

練習題

試著以6W2H寫出自己想要實現的工作和個人目標。

臨機應變搭配使用 5W1H 和 6W2H

6W2H 的範例

What	新開發的產品是……	Who	企劃和開發的負責人是……
Why	製作這個產品的目的是……	How	開發和推出商品的方法是……
Whom	目標客層是……	When	開發和販賣的時程表是……
Where	販賣通路是……	How much	開發成本是…… 販售價格是……

設定目標，使用「SMART」原則

- Specific 具體
- Measurable 可衡量
- Agreed Upon 有共識
- Realistic 實際
- Timely 及時

檢查點 ❷

要實現目標，就要記得明確設定那項目標，且要注意是否符合SMART原則。

替換關鍵字，有效使用 5W1H

透過 5W1H，能擴展構思

When	時間	時間、日期、期限、交期、開始時間、期間、速度、頻率、順序、時機等。
Where	空間	場所、情境、位置、銷售管道、銷售通路、市場、會場、領域、環境、寬敞度等。
Who	人物	公司、顧客、潛在顧客、消費者、部門負責人、部門、經營負責人、小組、團隊、競爭對手、人數等。
What	事物	議題、主題、問題、產品和服務、內容、分量、種類、價值、附加價值、所需的東西等。
Why	理由	目標、目的、價值、意義、理由、背景、原因、本質、社會意義、影響等。
How	手段	方法、作業分擔、步驟、狀態、技能、技術、體制、流程、媒體、實行等。

檢查點 ❶
5W1H可以分別替換成以上的關鍵字。藉由使用這類關鍵字，大幅擴展構思的範圍。

設定和達成目標2

KPI樹狀圖：用數字管理最終目標和中間目標

運用範例

該改善哪裡，才能達成銷售額1億日圓？

使用法

決定最終目標（關鍵目標指標，Key Goal Indicator，簡稱KGI），然後把達成目的所需的指標，分解成樹狀圖。

而樹狀圖的分支，就是中間目標（關鍵績效指標，Key Performance Indicator，簡稱KPI）（如下頁圖）。

此外，記住各流程要設定數值，並加以驗證。

運用步驟

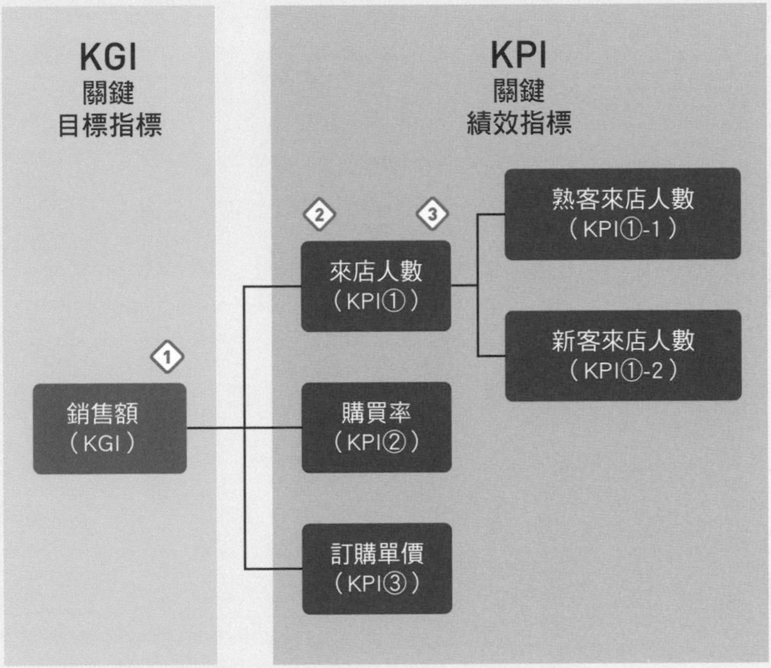

1. 選定 KGI。
用數字設定 KGI，以將某段期間「要做什麼」、「達到多少金額」作為指標。

2. 將 KGI 分解為 KPI。
為求達成 KGI，要將重要的 KPI 分解成樹狀。以上圖來說，就是將來店人數再分解成熟客和新客的來店人數。

3. 要是 KGI 沒有達成就檢查 KPI。
假如最後沒能達成 KGI，就要檢查是不是哪個 KPI 出問題，將問題找出來。

這是怎樣的模型？

將最終目標分解成數個中間目標

無論是什麼專案，開始時必須先決定目標。而KGI要明確用數值來設定某段期間「要做什麼」、「達成多少金額」，並將此作為指標。例如，這一期的銷售額要提升一二〇%等（見二五〇頁上圖）。

以KGI為頂點，逐步分解實現KGI用的要素。再從這些要素當中，找出達成目標的關鍵KPI，並建構成KPI樹狀圖。

KPI是用來測量和監控目標達成度的中間目標。舉例來說，假設KGI是銷售額提升一二〇%，那麼，「增加接單數」、「提升客單價」等項目就要當成KPI。

要是KPI沒辦法用具體的數字來表示，或者是無法測量，就沒有效果（如二五〇頁下圖）。

怎麼運用？

KPI樹狀圖是由四則運算所組成

製作KPI樹狀圖時的關鍵在於設定單位。KPI樹狀圖由四則運算組成，要記得讓KGI單位與分解後的KPI單位要合邏輯，成立四則運算（如二五一頁）。

KPI樹狀圖的優點在於能釐清流程和進度，以達到目標。藉由KPI樹狀圖，能看見各種目標的關聯性，將該做的事情在團隊或組織中分享。若KGI沒有達成，則能有效驗證是哪個KPI有問題。

練習題

試著具體設定工作和私務的最終目標，與實現最終目標用的中間目標，然後製作KPI樹狀圖。

要製作正確的 KPI 樹狀圖時需記住的事情

KGI 要盡量明確的用數字表示

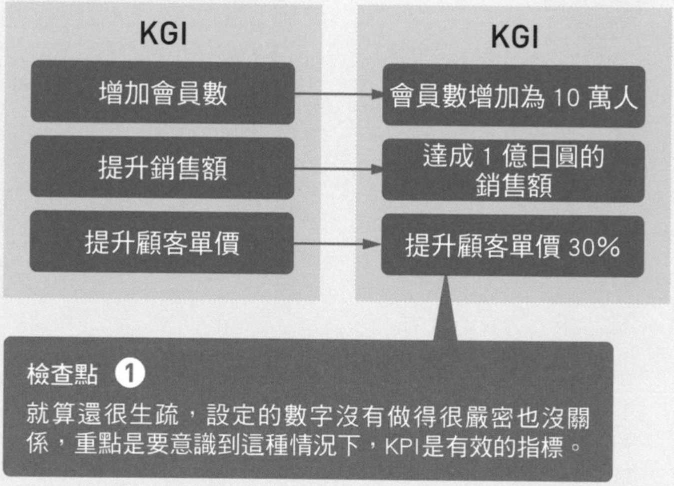

要確定 KPI 是有效的指標

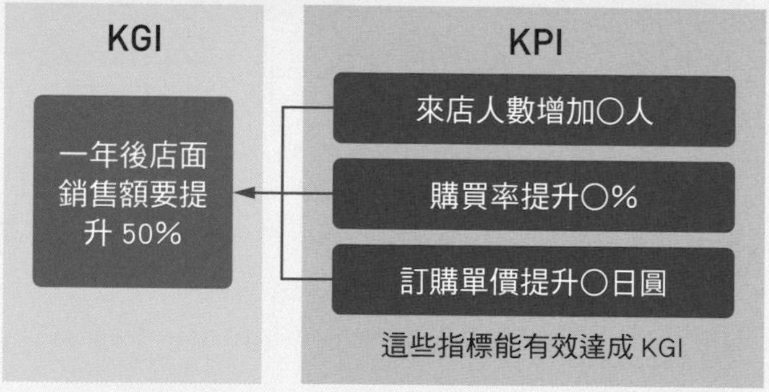

要能成立四則運算

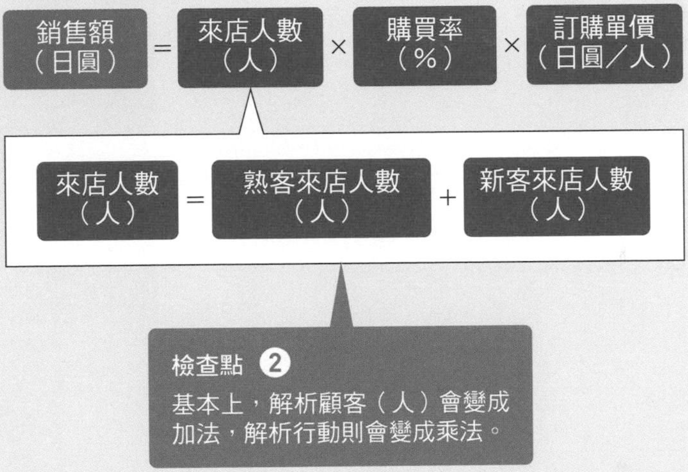

KPI 要安排優先順序

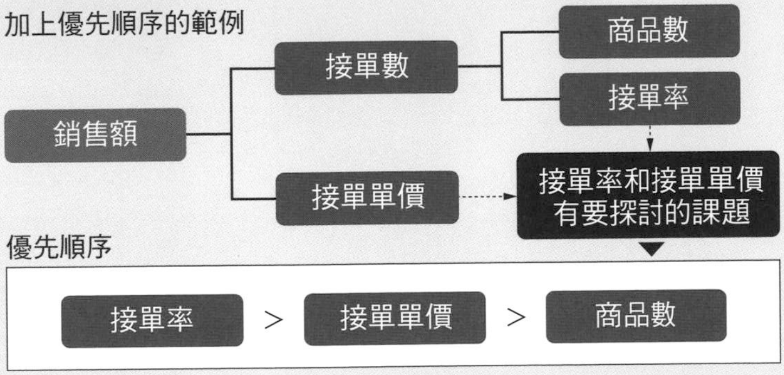

設定和達成目標3

PDCA：不斷執行，提升工作效率

運用範例

該怎麼改善現狀，讓業務件數比上個月增加30件？

使用法

設定目標，制訂計畫↓執行↓檢核↓改善行動（見下頁圖），不斷重複這些步驟，進而逐步改善業務。實行該模型的祕訣，在於利用數字和養成習慣。

這是怎樣的模型？

反覆做PDCA改善工作效率

商務中廣泛使用PDCA循環。藉由不斷執行該模型，來改善業務和提升效率：

運用步驟

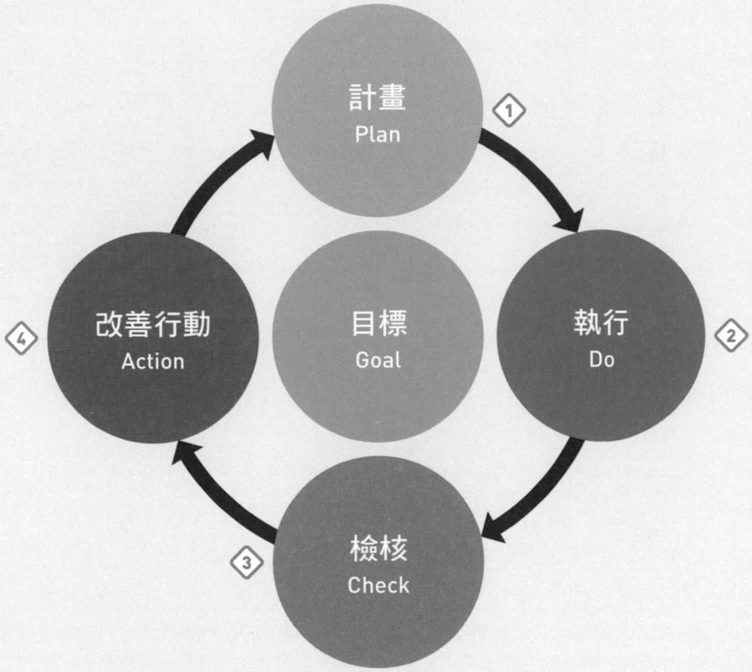

1. 制訂計畫。
   設定目標，根據過去的績效和將來的預測，制訂達成目標所需的計畫。

2. 實施和執行。
   依照計畫執行。

3. 檢核（查驗）。
   審視是否依照計畫實施。

4. 改善行動（處理）。
   查出沒有依照計畫實施的部分，尋求修正。

計畫：先設定目標，然後建立計畫。這時的重點，是設定之後能評估的數值、時間，及其他具體的目標和計畫。

執行：根據計畫實行。關鍵在於留下之後能評估的量化紀錄。

檢核：評估有沒有照計畫實行，有沒有達成設定的目標。

改善：驗證結果並釐清課題後，研討解決方案，判斷該計畫要繼續、中止，還是改善後再執行。

最近經常有人用G—PDCA（Goal，目標）。因為只顧著做PDCA，忘了目標，也沒有意義。所以做PDCA時，記得要時時留意目標。

怎麼運用？

PDCA循環多做才有效

PDCA不見得會在短時間內立刻出現效果。想提升功效，就要不斷做PDCA循環，而不是只做一次就結束。每多做一次，就能提升成果，持續改善。執行PDCA

的重點見下頁、二五七頁圖。

練習題

試著具體設定自己想要改善的工作目標，再利用PDCA循環，一邊改善，一邊重複實行。

決定期限和具體的數值目標

目標不具體	目標具體
努力增加業務件數。	業務件數比上個月增加 30 件。
增加網站瀏覽數。	網站瀏覽數要在一個月內增加為 2 倍。

檢查點 ❷

要習慣檢核是否有達到評估數值目標，假如沒有達成就查出原因。

要能檢驗達成度

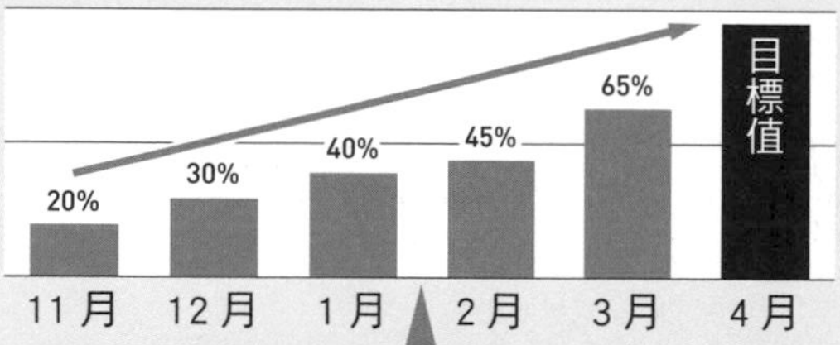
20%
30%
40%
45%
65%
目標值
11 月
12 月
1 月
2 月
3 月
4 月

檢查點 ❹

做PDCA不可不知達成度。做計畫時要設定KPI，看出能否在一定期間內達成這項指標。

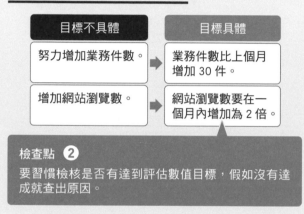

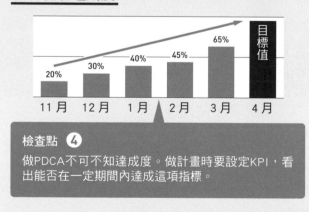

活用 PDCA 的四個重點

計畫要盡量明確

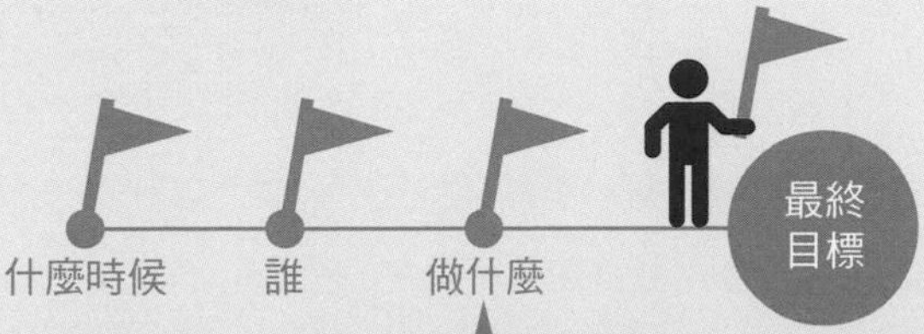

檢查點 ①
什麼時候、誰、做什麼、去哪裡、費用多少，諸如此類的計畫要盡量具體設定，讓全體人員徹底了解其中的內容。

要不斷做 PDCA 循環才有價值

檢查點 ③
PDCA的概念是「呈螺旋狀上升」，即使剛開始不順利，也會藉由繞行循環慢慢改善。

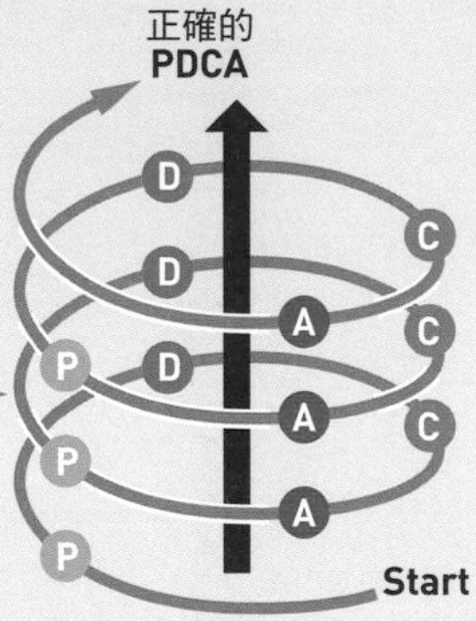

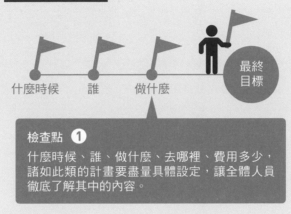

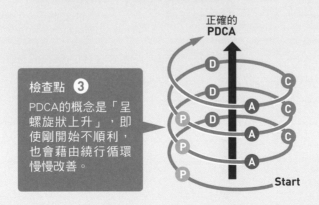

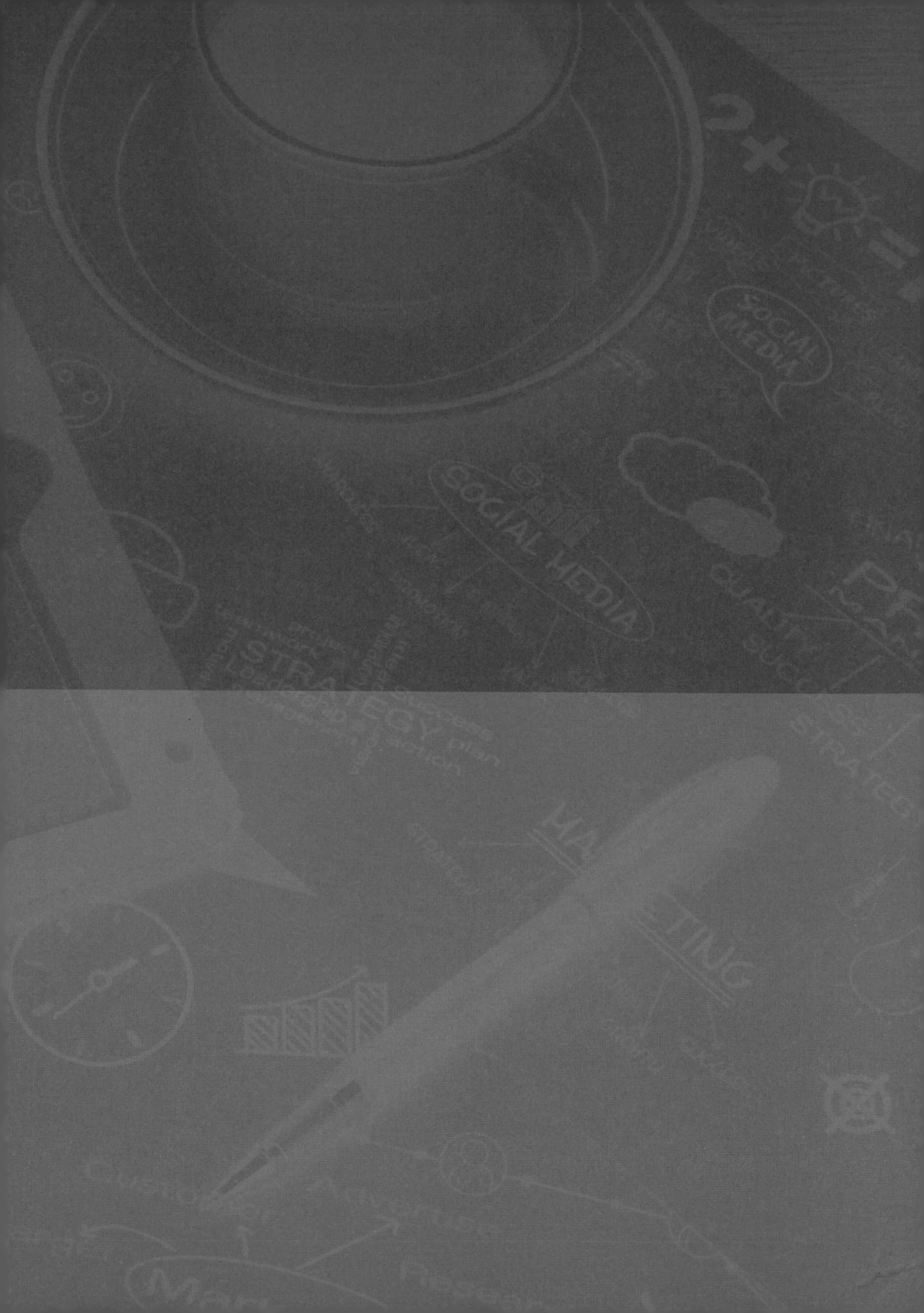
SOCIAL MEDIA
STRATEGY

第六章

商業人士必學的經營策略模型

掌握自身的優點、分析周圍的環境等經營策略，是必學的技能。

掌握和分析優點

擬訂企業的成長策略時，要記得先掌握自己企業的優點和缺點。
同時分析企業內部環境和外部環境，以掌握現狀。
▸ SWOT 分析、價值鏈分析、安索夫成長矩陣、柏拉圖法則

建立競爭優勢

企業自身該如何在市場當中競爭？該投資什麼事業？
這裡要介紹輔助制訂企業經營策略和決策的三個模型。
▸ 產品組合管理、定位圖、波特三大基本策略

掌握和分析優點1

SWOT分析：從優劣勢開創最強的經營策略

運用範例

我想確實掌握企業目前的優、劣勢，用在今後的策略上。

使用法

從市場趨勢、競爭狀況及其他外部環境，與資產、品牌能力及其他內部環境，分析企業自身的優、劣勢，再根據這點想出經營策略（見下頁圖）。

這是怎樣的模型？

從內外環境分析企業自身的優勢和劣勢

衡量經營策略和事業策略時，少不了要正確掌握和分析現狀。SWOT分析就是從

運用步驟

1 將優勢和劣勢、機會和威脅套進去。

如下圖所示，準備內部環境（優勢和劣勢）和外部環境（機會和威脅）的 2×2 矩陣，將分析結果套進去。

SWOT

	正面因素	負面因素
內部環境	Strength 優勢	Weakness 劣勢
外部環境	Opportunity 機會	Threat 威脅

2 藉由交叉 SWOT，讓策略變得更具體。

從攻守觀點替環境做綜合分析。明訂具體的策略課題，釐清事業應該進行的方向。

交叉 SWOT

	Opportunity 機會	Threat 威脅
Strength 優勢	機會 × 優勢 能活用企業優勢的事業機會是什麼？	威脅 × 優勢 能靠自身優勢迴避威脅嗎？ 即使面對其他公司的威脅，也能藉由企業自身的優勢開創事業機會嗎？
Weakness 劣勢	機會 × 劣勢 怎麼做才不會因為企業自身的劣勢，錯失唾手可得的事業機會？	威脅 × 劣勢 該怎麼避免威脅和劣勢合一，演變成最糟的事態？

外部環境和內部環境來分析企業現狀。外部環境包括市場趨勢、競爭者的狀況及其他外在因素，內部環境則包括企業自身的資產和品牌能力等。

SWOT，就是指優勢、劣勢、機會及威脅。優勢和劣勢，是與競爭者比較的相對評價；機會，是為企業自身加分的外部環境變化；威脅，則是為企業自身扣分的外部環境變化。

怎麼運用？

將四個項目兩兩相乘再套進策略當中

將SWOT放在二乘二矩陣中，加以驗證。

首先要從企業自身無法控制的外部環境開始分析。

分析外部環境（機會和威脅）時，要使用PEST分析（見一五〇頁）和其他工具，劃分為宏觀環境和微觀環境。前者要注意經濟和景氣的變動、限制放寬、修改法律及其他相關變化；後者則要依照事業類別研討顧客的需求、業界和競爭者的動向。

其次要分析內部環境（優勢和劣勢）。關鍵在於使用非主觀的數值，評估與競爭者的相對強弱。

寫出四個項目後做SWOT交叉分析——將四個項目兩兩相乘再分析，以便實際套進策略當中。做SWOT交叉分析時，最重要的是優勢×機會。當然，活用優勢贏得機會，就是讓業績成長的最佳解答（範例見下頁、二六五頁圖）。

練習題

試著寫出豐田汽車在外部環境變化激烈下的優勢、劣勢、機會及威脅，再做SWOT交叉分析。

交叉 SWOT	Strength 優勢	Weakness 劣勢
Opportunity 機會	**優勢 × 機會** ●主要的做法是讓經售的品牌 A 價值更加提升。 ●將手機網站的 UI 改善得更好，強化 SEM。	**劣勢 × 機會** ●增加網站的更新頻率。 ●透過社群網站發送商品資訊。 ●販賣契約上沒有特別有問題的商品。
Threat 威脅	**優勢 × 威脅** ●提升品牌 A 的附加價值。 ●開發以及擴展品牌 A 的合作商品。 ●重新評估 SEM。	**劣勢 × 威脅** ●可試著展開一般網站和社群網站的連動企劃。 ●研究如何刪減成本。 ●徹底做好庫存管理。

檢查點 ❷

優勢×機會，要通盤思考怎麼建立有利的地位；劣勢×威脅，則要衡量如何將公司的損失降到最低。

範例：替北歐雜貨的電子商務網站做 SWOT 分析

SWOT	正面因素	負面因素
內部環境	Strength 優勢 ●網站的使用者介面（UI）比其他競爭對手優秀。 ●與瑞典熱門品牌 A 的工廠簽下獨家契約，合作商品也在開發當中。 ●擁有實體店面。	Weakness 劣勢 ●網站更新頻率少。 ●沒有透過社群網站發送資訊。 ●契約上不能販賣競爭對手經售的品牌 B 商品。
外部環境	Opportunity 機會 ●透過手機下單的人不斷增加。 ●北歐雜貨熱潮興起。 ●知名藝人愛用品牌 A 的雜貨。 ●景氣恢復，顧客單價增加。	Threat 威脅 ●日圓持續貶值。 ●品牌 B 以低價走紅。 ●歐洲雜貨的破盤價網站出現。 ●搜尋引擎行銷（SEM）的發展遲緩。 ●因為流行變動產生不良庫存。

檢查點 ①
SWOT 分析要從企業自身無法控制的外部環境開始分析。

（按：搜尋引擎行銷，是提供網站在搜尋引擎結果頁排名的行銷策略。）

掌握和分析優點2

價值鏈分析：比較對手的工作程序，挖掘競爭優勢

運用範例

該建立怎樣的經營策略，才能提升在產業內的優勢呢？

使用法

首先分解企業活動，個別分析其產生的價值和成本（如下頁圖）。接著與競爭對手比較，以釐清自身優劣勢。然後藉由VRIO（按：即經濟價值、稀有性、不可模仿性和組織）分析來分析競爭優勢（見二六八頁、二六九頁圖）。

想知道企業自身的優勢，就要從企業產品和服務當中，找出顧客眼裡附加價值特別高的要素。而價值鏈分析模型，能幫你了解企業的附加價值在哪裡。

運用步驟

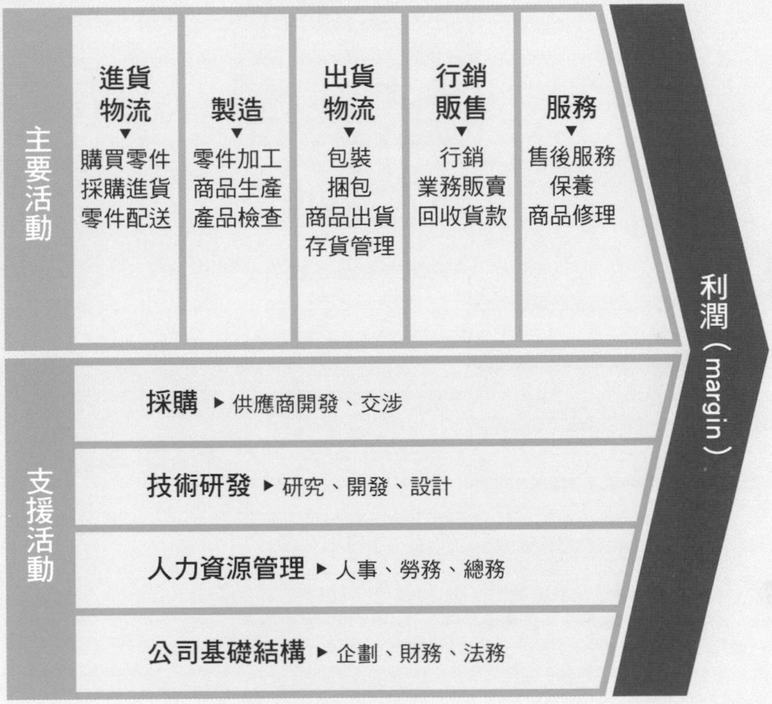

1. **「分解」活動。**
   如上圖所示，將企業活動分解成個別的活動。
2. **分析個別活動的價值和成本。**
   分析分解後的活動所產生的價值和成本。能產生價值的活動要強化和維持，而陷入瓶頸的活動則要改善、追求高效率。
3. **藉由 VRIO 來分析各個活動的優勢。**
   運用 VRIO 分析，來分析個別活動的競爭優勢。

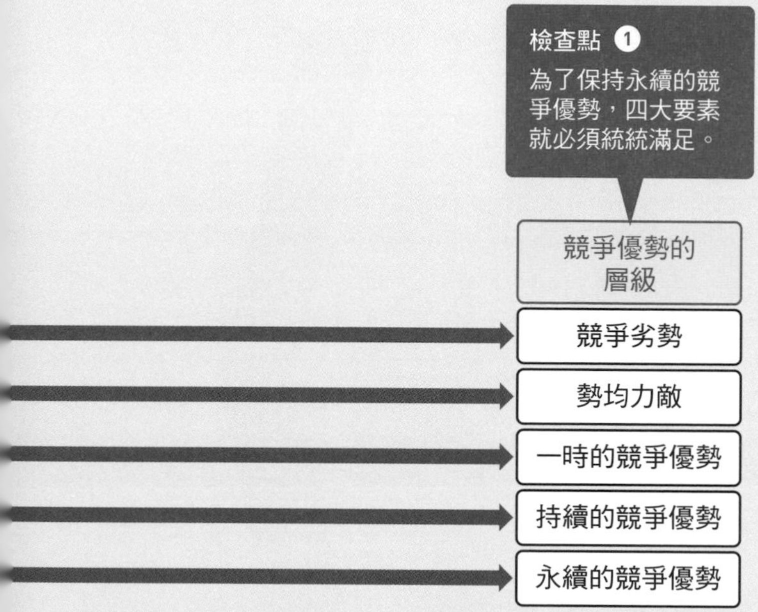
檢查點 ❶
為了保持永續的競爭優勢，四大要素就必須統統滿足。
競爭優勢的層級
競爭劣勢
勢均力敵
一時的競爭優勢
持續的競爭優勢
永續的競爭優勢

根據傑恩・巴尼（Jay B. Barney）《戰略管理：獲利與保持競爭優勢》（*Gaining and Sustaining Competitive Advantage*）製作而成。

檢查點 ❷
將VRIO套進價值鏈時，要以「○╳△」等符號來評估強度。等掌握各個活動的優勢和劣勢後，再決定今後的方針。

藉由 VRIO 分析釐清活動的優勢和劣勢

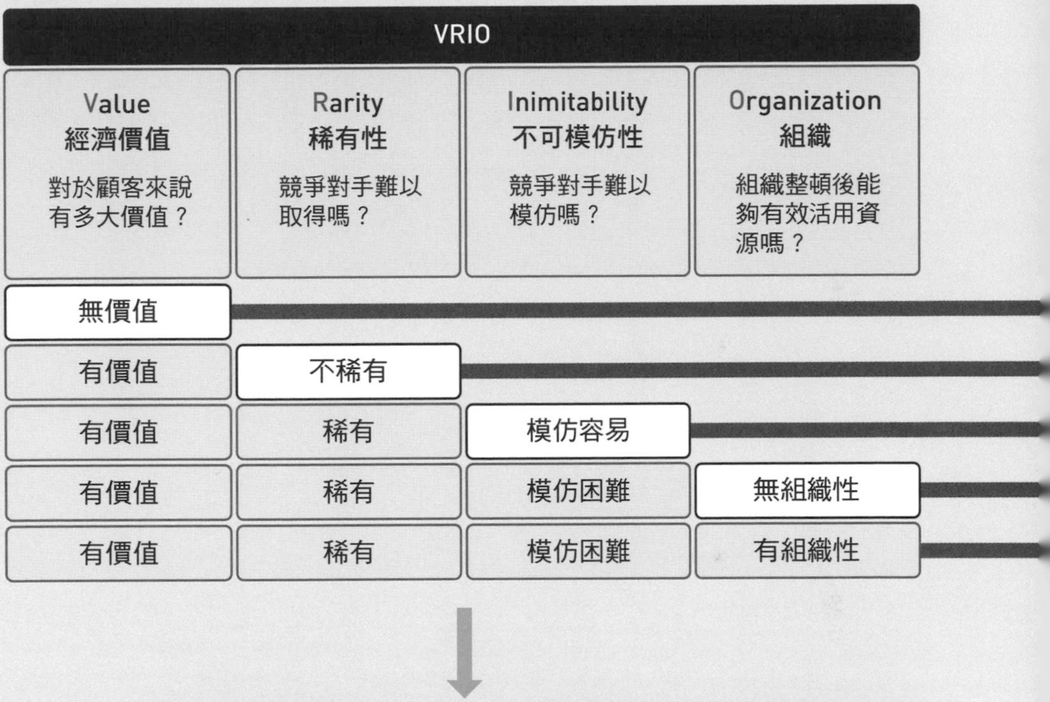
VRIO
Value
經濟價值
對於顧客來說有多大價值？
Rarity
稀有性
競爭對手難以取得嗎？
Inimitability
不可模仿性
競爭對手難以模仿嗎？
Organization
組織
組織整頓後能夠有效活用資源嗎？
無價值
有價值
不稀有
有價值
稀有
模仿容易
有價值
稀有
模仿困難
無組織性
有價值
稀有
模仿困難
有組織性

價值鏈	V	R	I	O	方針
研發	○	○	○	△	將會成為競爭力的源泉，要持續投入研究開發費，與其他公司拉開差距。
製造	△	○	△	○	藉由技術革新和降低成本，以持續確保優勢。
物流	×	×	×	△	沒有特別的優勢，今後也要研究是否改成外包。
銷售	△	○	△	○	今後也要藉由不輸給其他公司的銷售能力，開拓和活用新通路。
服務	○	△	○	×	盡量活用強項，讓競爭優勢在策略上更加增長。

這是怎樣的模型？

查出哪個工作程序會產生附加價值

波特在著作《競爭優勢》（*Competitive Advantage*）中提倡價值鏈分析。從原料進貨到將商品和服務送交顧客的企業活動程序，要從價值來理解，而非事物（供應鏈）。

價值鏈分析會先劃分企業的活動，再分析每道程序，所以能具體看出哪個程序會產生附加價值，哪個程序比競爭者優秀或遜色。

怎麼運用？

藉由VRIO分析法分析競爭優勢

價值鏈分析要先從掌握企業自身的價值鏈做起。如將企業的活動分成：從進貨物流到行銷販售、主要的服務活動，以及技術研發和人力資源管理之類的支援活動，再盡量細分程序。

其次是掌握各道程序的成本，計算其經費和成本比率。

接著要與競爭者比較和分析各道程序的價值鏈優劣，再做VRIO分析。只要了解價值鏈中，VRIO最高的活動是什麼，就能找出競爭優勢。藉由價值鏈分析，釐清用來提升競爭優勢的策略，以及今後應該強化的程序。

練習題

分解自己的工作，替各個工作程序和成本做VRIO分析，找出附加價值高的業務和瓶頸。

掌握和分析優點3

安索夫成長矩陣：從兩軸找出事業擴大策略

運用範例
有什麼策略可以讓新事業步上軌道，提升市占率？

使用法

企業自身瞄準的市場和經售的產品，要分別用下列四個擴大事業的策略來探討：市場滲透策略、開發新產品策略、開發新市場策略、多角化策略（見下頁圖）。

這是怎樣的模型？

讓事業成長的四大策略

管理學家伊格爾・安索夫（Igor Ansoff）針對企業成長策略，提倡成長矩陣。這套

運用步驟

		產品	
		既有	新銳
市場	新銳	③ 開發新市場 Market Development	④ 多角化 Diversification
	既有	① 市場滲透 Market Penetration	② 開發新產品 Product Development

1. **研究市場滲透的策略。**
衡量提高市占率的策略，像是提升顧客的購買數量、購買金額，或是增加購買頻率等。

2. **研究開發新產品的策略。**
衡量向既有顧客提供新技術（或新一代）產品的策略。

3. **研究開發新市場的策略。**
衡量開拓新市場的策略，包括新目標客層和新區域等。

4. **研究多角化策略。**
衡量推廣新產品到新市場的策略。多角化分成 4 種，如 276 頁圖。

模型將企業的事業放在市場和產品兩軸，再將兩軸分成既有和新銳，分類為四個象限。再以企業瞄準的市場和經售的產品為軸線，提出讓事業成長的四個策略：

1. 市場滲透策略：讓既有市場中的既有產品銷售額成長，將產品滲透到市場。
2. 開發新產品策略：開發新產品投入既有市場所用的策略。像是投入相關產品或附加新功能等。
3. 開發新市場策略：進軍新銳市場開拓新顧客，同時提升既有產品銷售額，以尋求成長。
4. 多角化策略：讓新銳市場中的新銳產品銷售額成長的策略。

怎麼運用？

多角化策略是高風險高報酬

這個矩陣中尤以多角化策略特別重要，要再細分成四個策略。

這四個策略分別是水平型、垂直型、集中型及集成型。水平型，在同樣的領域當中，朝水平方向擴大事業；垂直型，往供應鏈上流（製造）或下流（販售）發展事業；集中型，將資源集中在開發近似既有產品的製品上，進軍新市場；集成型，進入與既有事業無關的市場（範例見下頁、二七七頁圖）。

一旦多角化策略成功，就會在新市場獲得優勢。優點雖然大，風險卻最高。斟酌開拓市場和進入新市場的策略時，只要藉由成長矩陣確實看出成長策略，就會發揮效用。

練習題

根據安索夫成長矩陣，從企業自身既存的市場和產品，衡量四大策略。

多角化的四個類型

水平型	垂直型
將不同的商品提供給與現在差不多的顧客。 例：啤酒廠商製造清涼飲料。	要在同樣的事業領域當中，將生意從上游發展到下游。 例：居酒屋連鎖店積極經營農業和食品廢棄物處理事業。
集中型	**集成型**
將持有的競爭優勢發展到完全不同的領域。 例：製造電腦的蘋果公司開發 iPod，積極經營數位音樂下載。	經營與現在的產品完全無關的新事業。 例：食品超市進軍銀行業務，不動產公司進軍服飾產業。

檢查點 ❸

四個策略中就屬多角化最為困難。沒有活用企業自身優勢的多角化，就有很高的機率會失敗。

四大策略的具體範例

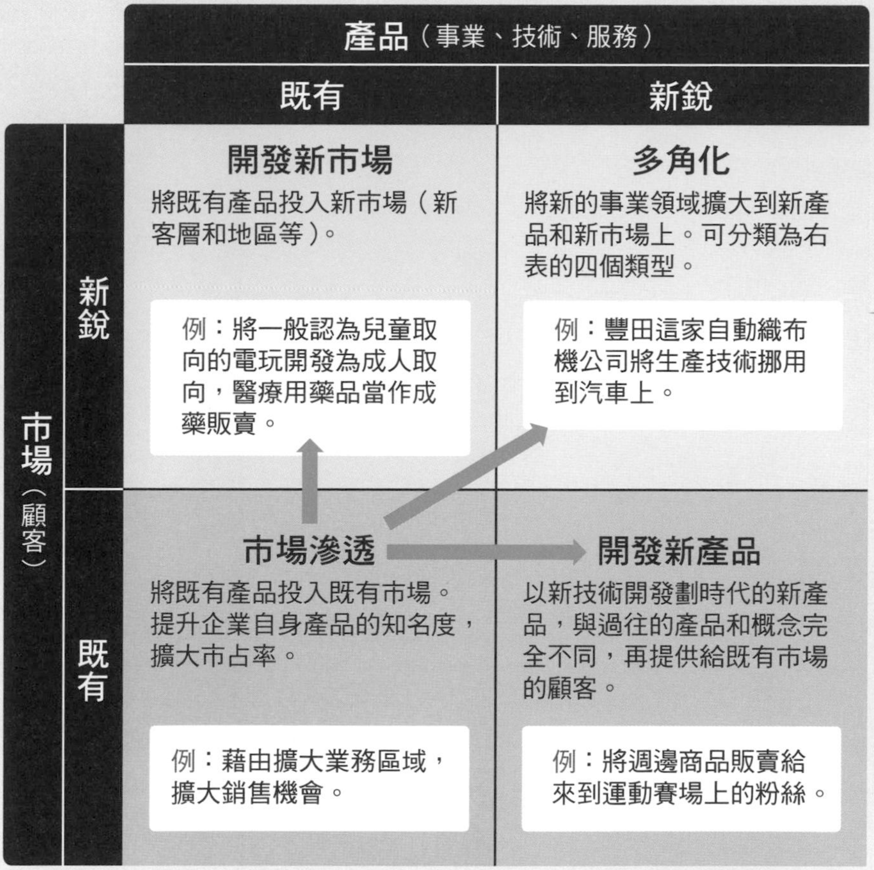
產品（事業、技術、服務）
既有
新銳
市場（顧客）
新銳
既有
開發新市場
將既有產品投入新市場（新客層和地區等）。
例：將一般認為兒童取向的電玩開發為成人取向，醫療用藥品當作成藥販賣。
多角化
將新的事業領域擴大到新產品和新市場上。可分類為右表的四個類型。
例：豐田這家自動織布機公司將生產技術挪用到汽車上。
市場滲透
將既有產品投入既有市場。提升企業自身產品的知名度，擴大市占率。
例：藉由擴大業務區域，擴大銷售機會。
開發新產品
以新技術開發劃時代的新產品，與過往的產品和概念完全不同，再提供給既有市場的顧客。
例：將週邊商品販賣給來到運動賽場上的粉絲。

檢查點 ❶

衡量該怎麼擴大事業時，往往會忽略既有市場及既有產品。這時也該研究要不要提升顧客單價、讓顧客變忠誠使用者或採取其他方法。

檢查點 ❷

擴大事業不但有助於成長，還可以分散風險，活化組織。

掌握和分析優點4

柏拉圖法則：能貢獻八成銷售額的事業在哪裡？

運用範例

能否掌握對銷售額有貢獻的商品，活用於銷售管理？

使用法

彙整每個顧客或商品（服務）的銷售額畫成圖表（如下頁圖），分析貢獻度和重要性。再找出排名在前二〇%且創下八〇%銷售額的要素，研討今後的方向。

這是怎樣的模型？

八〇／二〇法則：八〇%銷售額，由二〇%客戶貢獻

義大利經濟學家維弗雷多．柏拉圖（Vilfredo Pareto）曾以統計學的角度研究所得

運用步驟

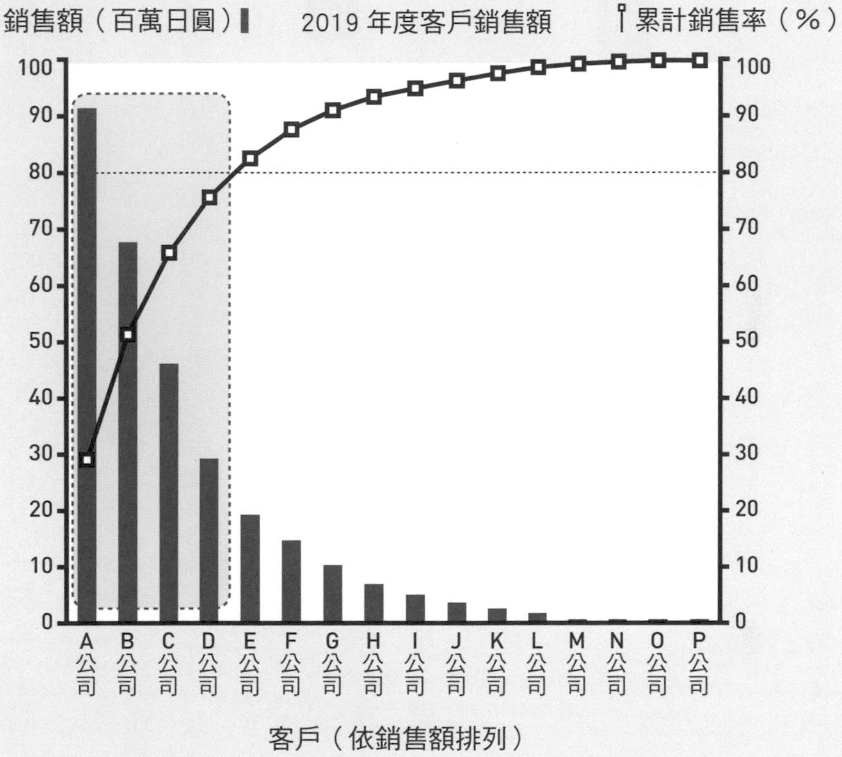
銷售額（百萬日圓）
2019 年度客戶銷售額
累計銷售率（%）
100
90
80
70
60
50
40
30
20
10
0
A公司
B公司
C公司
D公司
E公司
F公司
G公司
H公司
I公司
J公司
K公司
L公司
M公司
N公司
O公司
P公司
客戶（依銷售額排列）

1. 畫成圖表。
彙整顧客（或商品）的銷售額並畫成圖表，再從數量多的項目和要素依序排列，累計銷售率也要一併呈現。

2. 分析貢獻度的重要性。
分析對顧客銷售額的貢獻度，研討今後的方向。

3. 若有必要就集中資源。
假如管理成本無論銷售額大小皆相同，又是經營上不容忽視的金額時，不妨大膽將資源集中在優良顧客或將來的潛在顧客上。

分配，查出整體社會的所得多半是由部分高所得者持有。柏拉圖法則指的是大部分（八〇％）經濟數值，是由整體組成中的部分要素（二〇％）所開創，這套理論又稱為「八〇／二〇法則」。

這項法則不只是所得分配，也可以套用在自然現象、社會現象及其他各種事物上，不過在商務情境中，則是用在銷售管理和顧客管理上。比方說，「八〇％銷售額是由所有商品排名前二〇％帶來的」、「八〇％銷售額由二〇％顧客創造」，類似這樣的案例並不罕見。

實際分析一下數值，會發現有些案例不是精確的八〇比二〇，然而重要的是經驗——多數利潤集中在少數的手上。只要運用這項法則，就可以將資源集中於排名在前、貢獻度高的商品等，有效率的做好銷售管理。

怎麼運用？

劃分成三級繪製成圖表

柏拉圖法則在庫存管理和其他資料管理上，稱為ＡＢＣ分析。將資料群降冪排序，計算累積比率，再配合組成比例分為三級。

將資料群降冪排序繪成的圖表，稱為「柏拉圖」（Pareto Chart），能釐清排名在前的商品占全體多少比例之類的重要性問題。

藉由柏拉圖分析找出前兩成的要素，分析原因之後，也可以有效改善其他八成。此外，利用該法則時有幾點要特別注意，見下頁、二八三頁圖。

練習題

試依照銷售額順序排列企業自身商品和服務的顧客，找出排名前兩成的顧客所占的銷售額比例。

也有長尾的商業模式

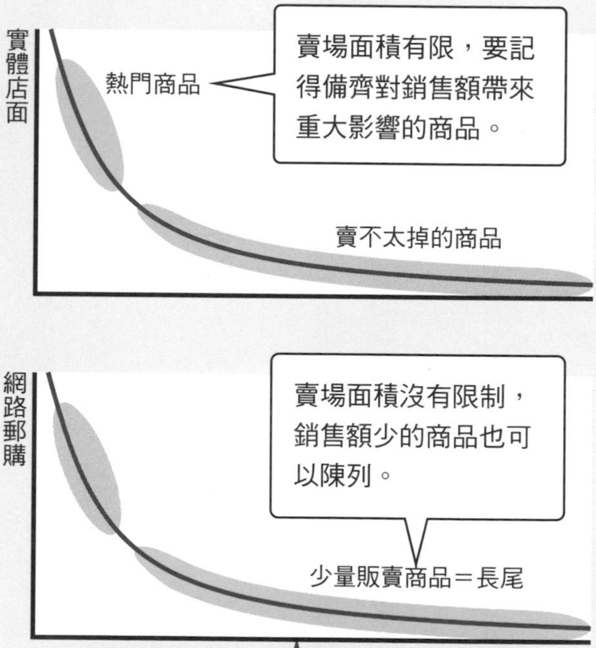
實體店面
熱門商品
賣場面積有限，要記得備齊對銷售額帶來重大影響的商品。
賣不太掉的商品
網路郵購
賣場面積沒有限制，銷售額少的商品也可以陳列。
少量販賣商品＝長尾

檢查點 ❸

近年來也出現藉由少許成本將長尾（柏拉圖法則當中的八成要素）變現的商業模式。亞馬遜（Amazon）和其他網路郵購、音樂下載等服務就是典型的例子。

柏拉圖法則的注意事項

要根據實際的資料分析

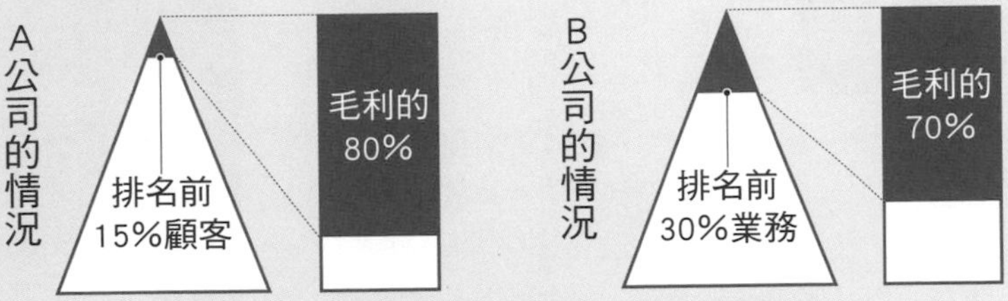
A公司的情況
排名前
15%顧客
毛利的
80%
B公司的情況
排名前
30%業務
毛利的
70%

檢查點 ❶

雖然一般來說可以用20：80（或30：70）的法則解讀，不過某些產業和企業會用40：60或10：90，重點是要根據實際的資料來分析。

淘汰時，也要留意排名後 80%產品和顧客

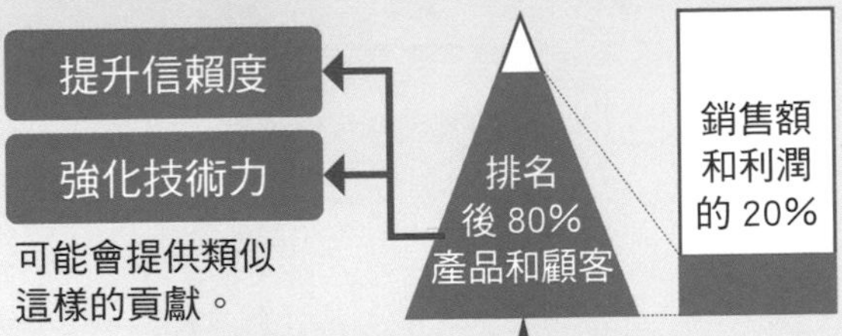
提升信賴度
強化技術力
可能會提供類似
這樣的貢獻。
排名
後 80%
產品和顧客
銷售額
和利潤
的 20%

檢查點 ❷

有時，其他要素對企業經營也有貢獻。應該謹慎分析，不能直接淘汰排名後80%的產品、顧客。

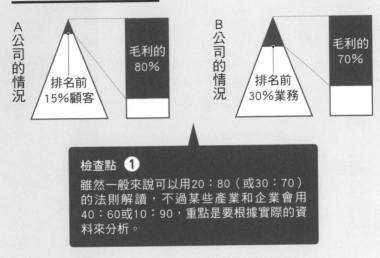

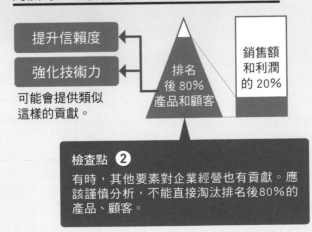

建立競爭優勢1

產品組合管理：分辨事業要擴大或撤退

運用範例

新事業急遽擴大，我該投資多少才好？

使用法

將自己的事業，套進市場成長率和相對市占率的雙軸矩陣當中，研究有限經營資源分配的優先順序（見下頁圖）。

這是怎樣的模型？

將事業分成四類，建立整個企業的策略

產品組合管理（Product Portfolio Management，簡稱PPM）的用途，是從獲利性

運用步驟

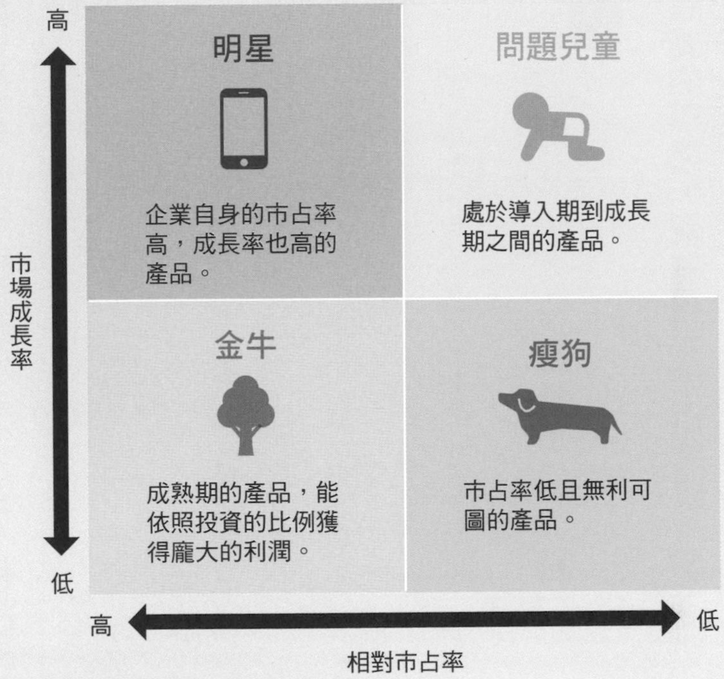

1. **將企業自身的事業套進矩陣當中。**
將企業自身持有的事業（或產品），套進市場成長率和相對市占率的雙軸矩陣當中。銷售額規模可以用金額多寡表示。

2. **核對四種類型。**
寫出事業之後，就核對這些屬於金牛、明星、問題兒童及瘦狗哪種類型。

3. **選擇和集中。**
觀察整體情況以衡量今後的策略，例如將金牛創下的利潤，當作培育下一個明星的資金。

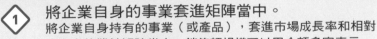

和投資必要性等觀點，決定企業經營的多個事業會分配到多少資源。

PPM會從市場成長率和相對市占率等兩軸，將企業的各個事業分成四個象限：

金牛：相對市占率高，現在最賺錢的事業。既然市場成熟，很難再擴大，甚至有可能會衰退，所以無須積極投資。

明星：市場成長率和相對市占率皆高，銷售額會增加。另一方面，由於競爭激烈，所以要積極、持續投資以維持市占率，目標成為金牛。

問題兒童：這個事業的市場正在成長，需要高額投資，但市占率低，銷售額少。假如市占率成長，也有可能變成明星事業。

瘦狗：這個事業的市場成長率和相對市占率皆低，要撤退。

怎麼運用？

成長率越高的事業，就越需要積極投資

一般來說，許多新事業的案例是從一開始的問題兒童，經由金牛轉移到瘦狗。另

外，成長率越高的事業，產業的變化和競爭就越激烈，需要投資，相對市占率越高的事業，利潤則往往越容易提升。

將企業事業套進四個象限時，要記得以圓圈大小表示銷售額規模，綜觀各事業，以決定要執行擴大、維持、收穫及撤退等策略。藉由使用PPM，就可以釐清經營資源該怎麼分配（如下頁圖）。

練習題

試將企業自身的事業和自己負責的業務套進PPM中，分為四類，再依照結果衡量今後的策略。

將藉由金牛獲得的資金投資到新事業上

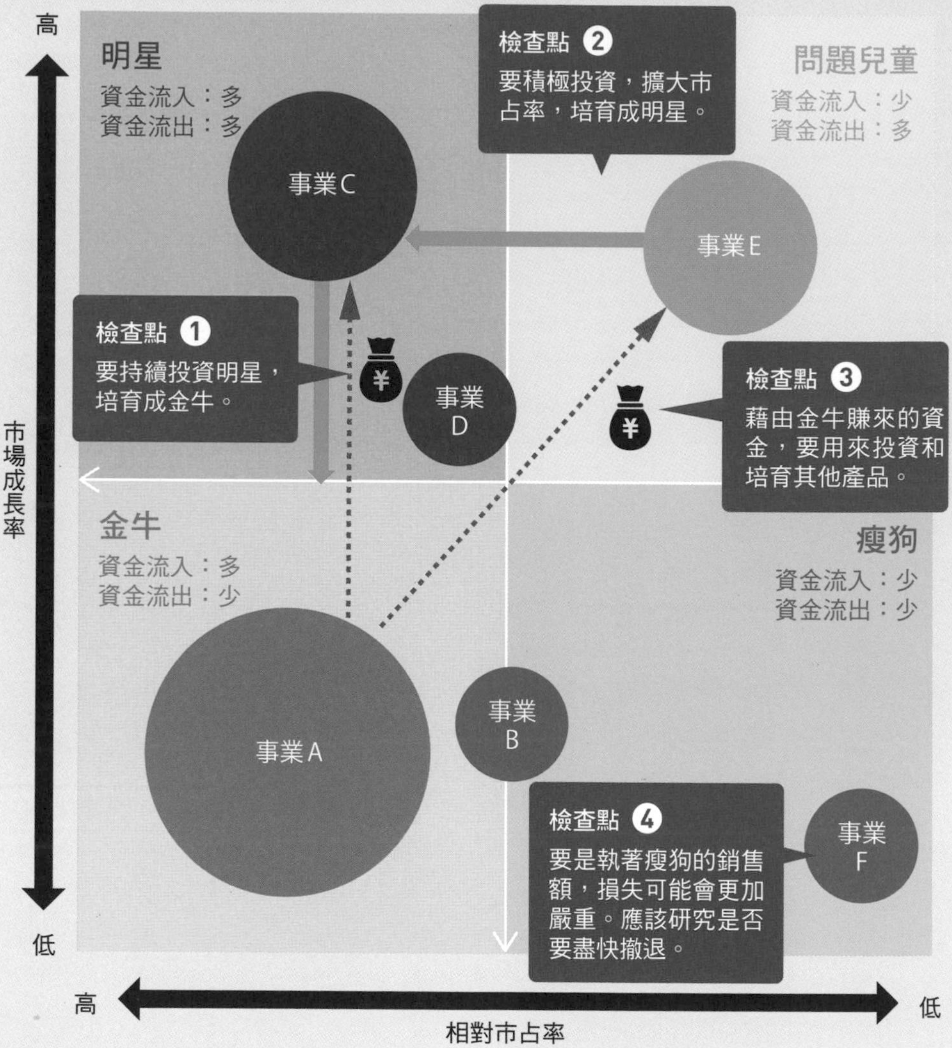

建立競爭優勢2

定位圖：看出不戰而勝的隱祕市場

運用範例

該怎麼在充滿競爭的市場當中，建立具競爭優勢的定位？

使用法

將企業和競爭對手套進雙軸矩陣，尋找能形成差異化的定位。

找出矩陣中，其他公司沒有出手的空白地帶，說不定就有成功的機會（見下頁圖）。

這是怎樣的模型？

藉由雙軸矩陣掌握企業自身的定位

斟酌經營策略和事業策略時，定位顯得非常重要。所謂的定位，能幫助企業在目標

運用步驟

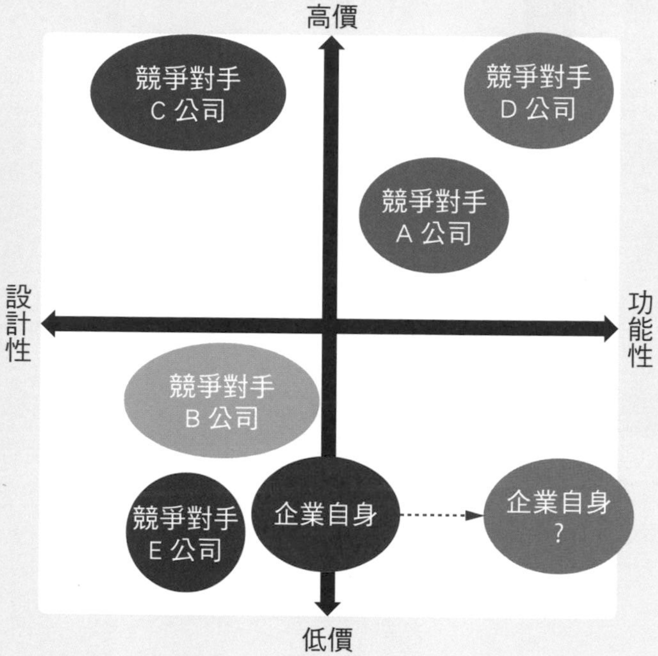

1. **設定縱軸和橫軸。**
選出目標顧客購買商品時重視的兩個因素，並製作矩陣。

2. **將其他公司和自己企業的定位套進去。**
將其他公司和企業配置在矩陣上。提供的商品和服務也可以畫成圖表。

3. **尋找差異化定位。**
觀察圖表，同時找出能展現與其他公司差異的獨特定位。只要將商品投入到其他公司沒有出手的領域，就能提升成功的機會。

市場中，展現出自身商品和服務與其他公司的差異，進而取得競爭優勢的制高點。而定位圖，則有助於釐清市場上各家公司的定位，透過縱橫雙軸，掌握整體形貌和企業和競爭者的立場。

繪製定位圖時最困難的就是設定雙軸。設定軸線，要以顧客選擇商品和服務時的關鍵購買因素（KBF）為基準。假如是「因為便宜」或「因為設計出色」，就要以價格或設計性為軸線。

怎麼運用？

要捨棄哪個市場？進攻空白區域

這時，要注意別選擇相似的因素作為雙軸。例如選擇價格和性能時，只要價格提高，性能就有可能會改善，所以定位圖因此不一定有用。雙軸要記得選擇相關性低的因素（定位圖的重點見下頁、二九三頁圖）。

將企業自身和競爭者配置在矩陣上之後，就會看到重疊的區域，表示該處競爭激烈。但其實定位策略的關鍵，有時也在於要立刻決定捨棄哪個市場。

利用定位圖的概念，製作知覺圖

實際調查顧客對於這項商品或服務抱持什麼樣的認知，再畫成圖表之後，就會變成知覺圖。

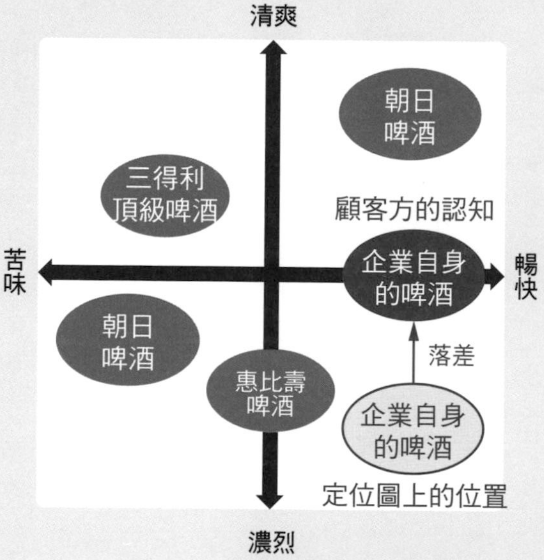
清爽
濃烈
苦味
暢快
朝日
啤酒
三得利
頂級啤酒
顧客方的認知
企業自身
的啤酒
朝日
啤酒
惠比壽
啤酒
落差
企業自身
的啤酒
定位圖上的位置

檢查點 ❸

要精確掌握大眾對企業自身的產品抱持什麼樣的認知。假如與定位圖有落差，就需要視情況變更定位。

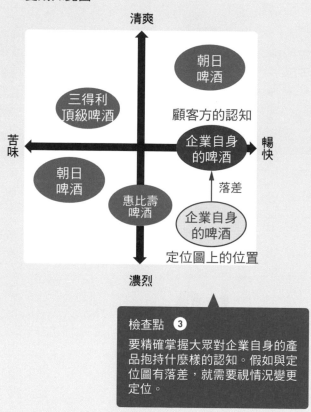

活用定位圖的示意圖

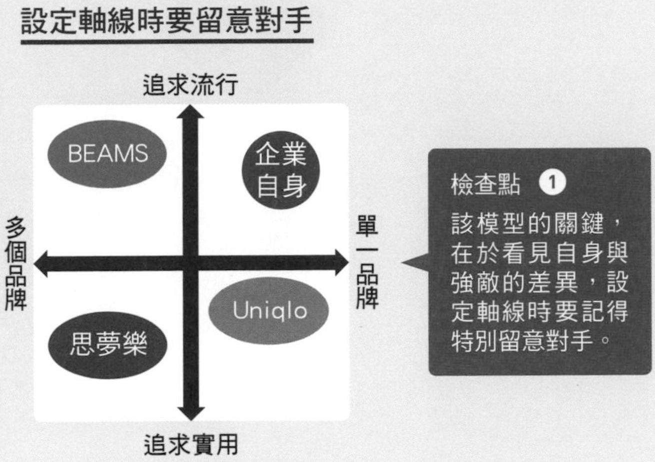
設定軸線時要留意對手
追求流行
BEAMS
企業自身
多個品牌
單一品牌
Uniqlo
思夢樂
追求實用
檢查點 1
該模型的關鍵，在於看見自身與強敵的差異，設定軸線時要記得特別留意對手。

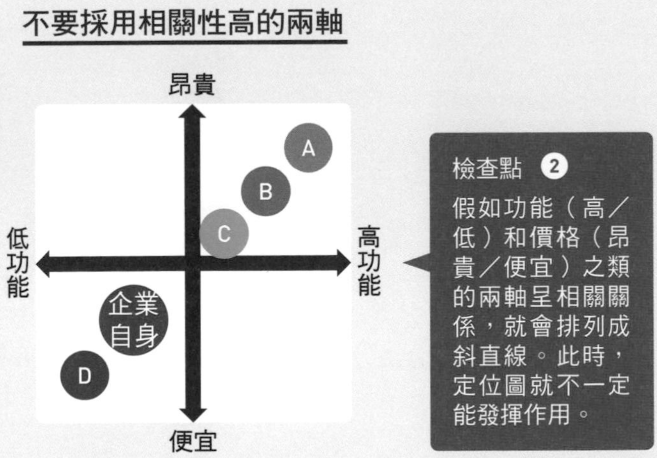
不要採用相關性高的兩軸
昂貴
A
B
C
低功能
高功能
企業自身
D
便宜
檢查點 2
假如功能（高／低）和價格（昂貴／便宜）之類的兩軸呈相關關係，就會排列成斜直線。此時，定位圖就不一定能發揮作用。

另一方面，利用定位圖能找到競爭者還沒出手的領域，只要瞄準該處，就有可能變成不戰而勝的冠軍。定位能俯瞰先驅企業的優勢和劣勢，也有不少後發的有利之處。

練習題

製作漢堡連鎖店（像是麥當勞、摩斯漢堡、肯德基等）的定位圖。

建立競爭優勢3

波特三大基本策略：從三個方法建立競爭優勢

運用範例

我的產品該以低成本為賣點，還是靠品質和服務來差異化？

使用法

分析企業和競爭者的經營環境，並套進成本、差異化和集中等三大基本策略中，再根據結果來決定企業應該採取的策略（見下頁圖）。

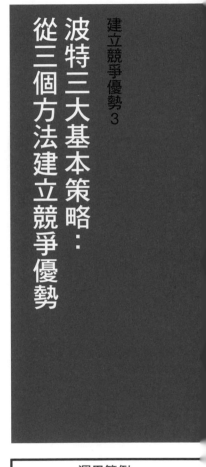

這是怎樣的模型？

從三大策略發現最適合企業自身的競爭策略

美國管理學家波特從企業如何建立競爭優勢的觀點，提倡三項基本策略：成本領導

運用步驟

策略目標的幅度	競爭優勢的種類：成本低於其他企業	競爭優勢的種類：顧客認定的獨特性
廣（整體產業）	**成本領導策略** 以廣大的市場為目標，藉由壓倒性的低成本結構，贏得競爭優勢。	**差異化策略** 藉由品質、品項齊全、服務、附加價值及其他差異化，贏得競爭優勢。
窄（特定區段）	**集中策略（成本集中）** 鎖定目標，並藉由成本優勢在競爭中獲勝。	**集中策略（差異化集中）** 鎖定目標，藉由差異化在競爭之中獲得勝利。

出處：麥可・波特《競爭策略》。

① 分析自己的企業和競爭者的經營環境。

分析企業和競爭對手所處的經營環境，套進波特的三大基本策略當中。

② 選定企業自身應該採取的策略方向。

了解競爭對手採取的策略方向，同時決定企業自身應該採取的策略方向。

③ 認識各個策略當中的風險。

任何策略必有風險，要在認識風險的前提下推動策略。

策略、差異化策略及集中策略，以策略目標的幅度和競爭優勢的種類，作為矩陣雙軸。

成本領導策略，是將商品和服務在經濟上的成本壓得比競爭對手低，進而建立競爭優勢。這項策略會徹底壓低成本和費用，增加利潤。Uniqlo 和薩莉亞餐廳就是典型的例子。差異化策略則是針對顧客認知的競爭商品和服務，特意提升企業自身商品和服務的價值。典型的例子有唐吉訶德和星巴克。

怎麼運用？

集中策略有兩種，成本跟差異化哪個優先？

集中策略會鎖定目標在特定的客層上，集中經營資源。執行集中策略的途徑有兩種：成本集中策略，企圖針對特定的顧客刪減成本；差異化策略，則是針對特定的顧客，徹底展現你的產品跟競爭對手之間的差異，無論哪一種都會讓經營資源集中。

波特當初假設需要取捨成本和差異化，同時追求兩者就得不到競爭優勢。不過，之後也出現了同時實現成本優勢和差異化的混合策略。三大基本策略的優點和主要風險，見下頁、二九九頁圖。

差異化策略 要在產業內獨樹一幟	集中策略 將資源集中在 特定的市場區隔
作為進入障礙的品牌。 提高競爭力的忠實顧客。 站在比競爭對手、同行更有利的立場。 無法從其他企業購買同樣的東西。 以高利潤對抗供應商。	藉由成本集中或差異化集中，在競爭中獲勝。
●競爭對手會模仿。 ●失去客戶眼中的需求和魅力。 ●成本方面會相差懸殊。 ●輸給差異化集中策略。	●市場消失或縮小。 ●市場會細分化。 ●假如規模經濟的優點變得比專攻市場的優點還大，就會輸給成本領導策略和差異化策略。

檢查點 ❸

這個策略最難想出具體的措施。差異化集中的關鍵在於藉由各種方向和做法，找出自己和對手的差異之處。

檢查點 ❷

無法以成本取得龍頭地位的企業多半會採用這個策略。成本領導策略和差異化策略往往不能兩全，但是豐田汽車和7-ELEVEN等公司就會兼顧這些面向。

三大基本策略的優點和主要風險

套用五力分析

5 個競爭要素	成本領導策略 徹底壓低成本
潛在進入者 （潛在進入者的威脅）	經濟規模或低成本的進入障礙。
產業競爭者 （產業內的競爭）	藉由低成本就可以獲得高於平均的利潤。
替代品 （替代品的威脅）	站在比同行企業更有利的立場。
客戶 （客戶的議價能力）	遇到降價攻勢，也要正面迎戰。
供應商 （供應商的議價能力）	即使原料成本上漲，也要以提升產能和其他方法因應。
主要風險	●由於技術革新，使過去的投資和練就的本領白費。 ●差異化方面會相差懸殊。 ●輸給成本集中策略。

檢查點 ①
這是業界許多龍頭企業採取的策略。假如成本便宜，即使演變成價格戰，也有很大的降價空間，就算跟對手販售一樣的價格，利潤也比對手還要多。

（按：進入障礙指一個產業有別人無法達到的技術，使其他企業很難跨進該產業。）

從趨勢來看，許多業界龍頭企業會採取成本領導策略，龍頭以外的企業則多採用差異化策略或集中策略。

練習題

根據上頁圖想想企業自身採取什麼基本策略，以及未來該採取的方針。使用五力分析之後就會更具體。

參考文獻

- 《行銷是什麼》（*Marketing Insights from A to Z*），菲利普．科特勒著，張振明譯。
- 《競爭策略》，麥可．波特著，周旭華譯。
- 《競爭優勢》，麥可．波特著，邱如美、李明軒譯。
- 《二十五個需要知道的策略工具》（*25 Need-to-Know Strategy Tools*），沃恩．伊文斯（Vaughan Evans）著。
- 《GLOBIS MBA關鍵字圖解，基本商業模型50》（グロービスMBAキーワード 図解基本フレームワーク50），GLOBIS著。
- 《MBA研修讀本》，日本Globis株式會社編著，周君銓譯。
- 《麥肯錫新人培訓七堂課》，大嶋祥譽著，鄭舜瓏譯。
- 《麥肯錫新人邏輯思考五堂課》，大嶋祥譽著，張智淵譯。
- 《麥肯錫服務客戶最強的十九個行銷細節》，大嶋祥譽著，侯詠馨譯。
- 《建構工作軟實力》，永田豐志著，高智賢、高富諄譯。
- 《通勤大學MBA〈2〉行銷學》（通勤大学MBA〈2〉マーケティング），青井倫一監修，Global Taskforce著。

- 《商業模型》（ビジネス・フレームワーク），堀公俊著。
- 《構思法的使用方法》（発想法の使い方），加藤昌治著。
- 《當機立斷的人使用的決策商業模型45》（決断の速い人が使っている戦略決定フレームワーク45），西村克己著。
- 《靈活運用商業模型手冊》（フレームワーク使いこなしブック），吉澤準特著。
- 《策略經營聖經》（戦略経営バイブル），高橋宏誠著。